KB139233

# 폭풍우의 경고

**STORM WARNINGS : CLIMATE CHANGE AND EXTREME WEATHER** originally published in English in 2013

Copyright © 2013 Scientific American, a division of Nature America, Inc.
Korean translation copyright © 2017 by Hollym, Inc.
Korean translation rights arranged with Scientific American through Danny Hong Agency

한림SA **18**

# SCIENTIFIC
# AMERICAN™

기후변화와 기상이변

# 폭풍우의 경고

사이언티픽 아메리칸 편집부 엮음
김진용 옮김

Climate Change and Extreme Weather
**Storm Warnings**

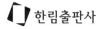 한림출판사

### 태풍 앞의 먹구름

누군가에게 "날씨가 어때요"라고 묻는다면, 예상보다 더 길고 더 열정적인 반응을 얻을지도 모른다. 2012년 첫 9개월간의 기상은 유럽에 25년 만의 한파를 초래했고, 호주와 브라질 및 중국에는 대홍수가 덮쳤다. 미국에서는 심한 가뭄이 국토의 50퍼센트 이상을 휩쓸었고, 허리케인 샌디(Sandy)가 북동부 지역에 엄청난 피해를 입혔다. 이러한 기상이변 사건들이 증가 추세로 보인다면 거기에는 분명한 이유가 있다. 장기간의 무더위, 가뭄, 폭설, 허리케인, 그리고 홍수가 지난 몇 년간 전례 없이 이어졌고 큰 피해가 있었다. 이러한 기상이변 사건들은 인간 활동에 의한, 주로 인공적인 이산화탄소($CO_2$) 과잉 생산에 따른 지구온난화와의 관계가 깊어지고 있다. 이 문제는 더 이상 추상적인 영역이 아니다. 모든 수준에서 눈앞에 닥친 문제가 되었다.

때문에 우리는 기후변화의 배경이 무엇인지, 앞으로 수십 년 동안 어떤 일이 닥칠 수 있는지, 그리고 지금 행동한다면 인류가 대기에 미친 결정적 영향을 어떻게 되돌릴 수 있는지를 더 잘 이해할 수 있도록 이 책《폭풍우의 경고: 기후변화와 기상이변》을 발간했다.

1장에서는 허리케인 샌디에 관한 최근의 소식들을 알려준다. 허리케인 샌디에 숨겨진 과학, 허리케인을 예측한 연구, 이를 예방하기 위해 해야 할 일들을 다룬다. 뒤이어 2장에서는 기상이변의 과학에 관한 상세한 이야기들을 들려준다. 존 캐리(John Carey)의 3부작은 재미있는 읽을거리일 뿐만 아니라 폭우, 대홍수, 극심한 가뭄 등 어떤 일이 닥쳐올 것인지에 관해서 무서운 그림도 보여준다. 3장과 4장은 빙하와 해양에 어떤 영향이 미치는지를 다룬다. 특히 주목할 부분은 더글러스 폭스(Douglas Fox)가 쓴 충격적인 '남극 해빙 목격담' 이다.

5장은 무엇이 이러한 기상이변 사건들을 초래하고 있는지를 논의하면서 시작한다. 여기서는 온실가스 배출과 그것이 지구온난화에 미치는 영향을 알아본다. 기후학자로서 그 분야의 최고 전문가인 제임스 핸슨(James Hansen)은 훌륭한 한 기사에서 이 부분을 설명한다. 그는 지구온난화의 주범을 밝히고, 나중이 아닌 지금 당장 취하는 현실적 해결책이 '지구온난화 시한폭탄 해체'에 어떻게 도움이 될지를 설명한다. 6장에서는 기후변화 논쟁을 다룬다. 인간이 지구의 기후와 점차 잦아지는 기상이변 사건들에 직접적으로 영향을 미치는 데 일조한다고 가리키는 증거를 현실적으로 부인할 수는 없지만, 아직 의심은 남아 있다. 《사이언티픽 아메리칸》에서 오랫동안 편집장을 역임한 존 레니(John Rennie)의 멋진 기사를 통해서 그 점을 다룬다.

마지막 2개 장은 기후변화에 대처하고 그 영향을 감소시키는 데 초점을 맞추는데, 기후변화의 많은 부분은 인간이 $CO_2$를 공기 중에 내뿜는 경쟁을 멈춘 뒤에도 오랫동안 계속될 것이다. 1992년에 지구온난화와 그 현상이 기후 및 생물다양성에 미치는 영향을 다룬 최초의 세계 기후변화 조약이 체결된 이래, 각국에게 $CO_2$ 배출을 줄이라고 설득하기가 쉽지 않았다. 2030년까지 지속 가능한 에너지를 사용하는 미래에 도달하려면 더 많은 정치적 약속과 세계적 협조가 필요하다. 마크 제이콥슨(Mark Jacobson)과 마크 델루치(Mark

Delucchi)의 훌륭한 기사를 놓치지 말라. 하지만 지역 수준에서는 단지 다른 선택을 하는 것만으로도 개별적인 탄소의 영향을 줄일 수 있다. 《사이언티픽 아메리칸》의 편집자 데이비드 비엘로(David Biello)는 열 가지 해결책을 제시한다. 여기에는 일상에서 실천할 수 있는 작은 변화들, 그리고 현실적이지만 효과적인 소비자의 선택들이 포함된다. 사소한 일들일 수도 있지만, 티끌 모아 태산이 되는 법이다.

– 진 스완슨(Jeanene Swanson), 편집자

CONTENTS

# 1

슈퍼스톰 : 허리케인 샌디의 과학

프레드 구테를

"100년 규모의 홍수를 2년마다 겪고 있습니다." 뉴욕 주지사 앤드루 쿠오모 (Andrew Cuomo)는 허리케인 샌디 피해 지역을 방문한 버락 오바마 대통령에게 이렇게 말했다. 이 발언은 기후학자들이 '기상이변 사건', 즉 해수면 상승과 뉴욕 및 기타 해안 도시들의 홍수 취약성 증가에 대해 해온 언급과 같은 맥락이다. 샌디를 겪으면서 사람들은 일시적이나마 기후변화와 그 영향에 관심을 가졌다. 특히 샌디가 닥치기 전에 발표된 두 가지 연구는 최악의 기후변화 시나리오에 따른 미래 상황을 냉정하게 묘사한다.

대형 폭풍이 뉴욕에 초래할 수 있는 피해의 종류에 관한 첫 번째 연구의 자세한 내용은 샌디가 실제로 초래한 피해와 무서울 정도로 흡사하다. 쿠오모의 주 정부가 발간한 이 보고서는 '100년 규모의 폭풍'이 어떠한 피해를 일으킬 것인지에 관한 가상 사례 연구이다. 100년 규모의 폭풍이란, 쿠오모 주지사의 표현에 따르면 100년에 한 번만 발생하리라 여겨지는 폭우를 일컫는다. 이 보고서에는 이스트 강(East River)과 허드슨 강(Hudson River)에 있는 차량 터널에 대규모 홍수가 발생하는 것을 보여주는 지도가 포함되어 있다. 이 보고서에 따르면, 해수면이 2피트(61센티미터) 상승하면 터널의 홍수 수위가 다섯 배로 악화될 것이다.

두 번째 보고서는 해수면이 빠르게 상승하는 상황에 대한 최악의 시나리오에서 어떠한 일이 발생할 것인지에 관해 더 장기적인 전망을 제시한다. 독일과 네덜란드의 연구자들은 향후 100년에 걸쳐 해수면이 5미터 높아지는 것이 런던과 로테르담, 그리고 북유럽의 여러 곳에 어떠한 의미인가에 초점을 맞추었다. 해수면이 5미터 상승하는 경우란 서남극의 대륙빙하가 녹는 상황에 해당하는데, 이는 과장하지 않고 말해서 기후학자들이 향후 100년간 발생할 수 있으리라 예상하는 최악의 상황이다. 하지만 보고서는 기후 예측보다 과학자들이 해수면 상승에 어떻게 대응할 것인지에 관한 사고 실험에 더 비중을 두고 있다. 해수면 상승은 스크루지 이야기에 나오는 과거의 크리스마스 유령이 내리는 천벌과도 같다.

세계 최대의 해상 운송 중심지 중 한 곳인 로테르담은 네덜란드 저지대에 위치하므로 홍수에 대단히 취약한 지역이다. 현재 네덜란드는 앞으로 100년 동안 해수면이 0.8미터 상승할 것이라는 가정에 따라 홍수 방지를 계획하고 있는데, 이러한 가정은 주류 학계의 예측보다 더 높은 수치이다. 해수면이 이 예상치보다 더 높아지더라도 아마 그 정도 상승은 몇 년 혹은 10년 정도 무시되고, 그 이후에야 대중은 이 문제를 위해 무언가를 해야 한다는 점을 납득하고 정부가 바닷물을 더 잘 막도록 행동하게 될 것이다.

그동안 상품의 유통 관리에 문제가 생기거나 선박을 바닷물로부터 보호하는 문제가 발생하기 시작하면 로테르담은 다른 도시들에게 사업을 빼앗길 것이다. 로테르담과 가깝고 이미 '북쪽의 베네치아'라고 불리는 암스테르담에는 물이 훨씬 더 많아질 것이다. 운하와 수로를 따라 지은 건물들은 물이 넘치기 쉬워질 것이다. 도시는 곰팡내 나고 축축하고 불쾌하다며 평판이 나빠져서 관광업에 피해가 생길 것이다. 정부가 망설인다면 피난민 지원이 너무 늦게 시작되고, 너무 적게 집행될 것이다. 그러면 경제적 혼란, 빈곤, 사회적 혼란이 확대될 것이다.

　연구자들의 시나리오에 따르면, 런던도 더 나은 상황은 아니다. 런던은 여러 해 전에 템스 방벽(Thames Barrier)을 만들었다. 이 방벽은 만조 때 들어 올릴 수 있는 여러 개의 수문으로 이루어져 있으며, 템스 강 역류 수위가 높아지면서 생기는 폭풍해일을 막고 런던의 대부분 지역이 자리 잡고 있는 범람원을 보호하기 위한 것이다. 여러 해 동안 홍수 피해를 겪은 끝에 기술자들이 이 장벽을 만들게 되었다. 1984년에 이 장벽이 완공된 이후, 기술자들은 종래의 기후변화 예측에 맞추어 앞으로 몇 년 안에 해수면이 1미터 상승하는 데 대처할 수 있도록 이 장벽을 개량하고 있다. 하지만 남극 지역의 빙하가 녹으면 이 계획들은 완전히 부적절해질 테고, 앞으로 수십 년에 걸쳐 남극의 해빙은 분명히 발생할 것이다.

　이 일은 템스 방벽을 파괴하는 큰 폭풍과 함께 시작될지도 모른다. 그러면 영국은 방벽을 개량하려는 계획을 서두르겠지만, 조만간 또 다른 폭풍이 개량된 방벽도 파괴할 것이다. 런던은 허리케인 카트리나(Katrina) 같은 재난을 경험할 것이다. 수위가 상승해서 국회의사당과 빅토리아타워가든이 침수될 것이고, 버킹엄 궁전 벽에까지 물이 차오를 것이다. 그리고 그 피해는 수백억 파운드에 이를 것이다. 해수면 상승은 기술자들이 런던 범람원을 보호하는 능력을 앞지를 것이다. 결과적으로 영국은 런던 중심가의 많은 영역을 포기하고 더 높은 지대로 옮겨 가야 할 것이다. 아니면 도시 전체를 운하와 런던 말씨의 곤돌라 사공이 있는 21세기의 베네치아로 재건해야 할 것이다.

크리스 크리스티(Chris Christie) 뉴저지 주지사는 뉴저지의 피해 지역을 조사차 방문한 후 "어린 시절의 뉴저지 해안은 사라졌다"고 말했다. 그는 재건을 맹세했다. 샌디에 긍정적 면이 있다면, 미래를 바라보며 재건한다는 인식을 되새기게 한다는 것이다.

기후변화가 허리케인 샌디를 유발했을까?

마크 피셰티

2012년 할로윈을 전후한 미국의 뉴스와 일기예보를 찾아보면, 기후변화가 샌디 같은 대형 폭풍을 유발할 수 있다고 말하기 힘든 이유를 설명하는 블로거와 저널리스트를 틀림없이 만나게 된다. 분명히 그렇다.

저널리스트들이 발뺌하는 표현으로 설명한 바에 따르면, 대형 폭풍이 생기는 데는 많은 변수가 작용하므로 허리케인 샌디 정도 규모의 폭풍이나 어떠한 특정 폭풍도 기후변화 때문일 수는 없다. 이 자체는 사실이며, 올바른 과학에 기초한 설명이다. 하지만 그렇다고 해서 우리가 기후변화 때문에 폭풍의 규모가 더 커지고 있다고 말할 수 없다는 뜻은 아니다. 바로 그렇게 되고 있다. 이 설명 역시 올바른 과학에 기초한 것이며, 어쨌든 보험업계에서는 이 사실을 받아들이고 있다. (이 점은 후에 다시 이야기하도록 하자.)

과학자들 역시 오랫동안 신중한 입장을 취해왔지만, 점점 더 많은 학자가 그러한 토를 달지 않고 기후변화가 강력한 폭풍 및 (2012년 미국 동부의 따뜻한 겨울과 그해 유럽의 혹한 같은) 기상이변 사건들과 직접적 관계가 있다고 보기 시작했다. 연구자들이 과거 10년간 대형 폭풍을 만드는 변수들에 영향을 미치는 요소가 무엇인지를 파악하는 데 큰 성과를 얻으면서 학자들의 입장은 더 대담해졌다. 허리케인 샌디는 바닷물이 아직 따뜻한 시기에 미국 해안을 따라 북쪽으로 움직였기 때문에 태풍의 소용돌이에 에너지가 주입되어 그 규모가 커졌다. 하지만 차가운 제트기류가 캐나다에서 미국 동부로 급격히 남하하면서 규모가 더욱 커졌다. 이 찬 공기가 대서양의 따뜻한 공기와 만나고 샌디가 그 지역으로 들어가면서 대기에 에너지가 더해져서 폭풍이 훨씬 더 커졌다.

여기서 기후변화가 영향을 미친다. 제트기류를 남쪽으로 보낸 대기의 패턴을 '저지고기압(blocking high)'이라고 하는데, 이는 대서양 최북단과 북극해 남단에 멈춘 고기압 중심을 말한다. 그러면 왜 그런 일이 벌어졌을까? 북대서양진동(North Atlantic Oscillation, NAO)이라고 하는 기상 현상은 기본적으로 그 지역의 대기압 상태를 가리킨다. 이 상태는 양이거나 음일 수 있으며, 샌디가 오기 2주 전에 양에서 음으로 바뀌었다. 이것이 기후변화 유발 요인일까? 코넬대학교의 찰스 그린(Charles Greene)과 다른 기후학자들이 수행한 최근의 연구를 보면, 지구온난화로 여름에 북극해의 얼음이 더 많이 녹으면서 가을과 겨울에 NAO가 더 음이 될 가능성이 많아졌다. NAO가 음이면 제트기류가 미국, 캐나다, 대서양에 걸쳐서 더 큰 물결 형태로 움직이고, 샌디 당시에 발생한 것 같은 큰 남하 기류를 유발한다.

기후변화는 대형 폭풍에 일조하는 다른 기본 요소들을 증폭시킨다. 예를 들면 대양의 수온이 올라가서 더 많은 폭풍에 더 많은 에너지를 제공한다. 그리고 지구의 대기가 더워지면서 더 많은 습기를 함유하게 되고, 그 습기는 폭풍에 포함되어서 비로 뿌려진다.

이러한 변화는 모든 종류의 기상이변에 일조한다. 최근 《워싱턴 포스트

(Washington Post)》의 특집 기사에서, 뉴욕에 있는 NASA 고다드우주연구소(Goddard Institute for Space Studies)의 제임스 핸슨(James Hansen)은 컴퓨터 모델이 아닌 60년간의 기상 측정치를 바탕으로 극심한 가뭄이 기후변화 탓이라고 말했다. "우리의 분석을 보면, 지구온난화가 기상이변의 가능성을 높일 것이라고 말하면서 어떠한 개별적 기상 사건도 기후변화와 직접적 관련이 있을 수 없다는 부연 설명을 되풀이하는 것으로는 더 이상 충분하지 않다. 그 반대로서, 최근의 무더위가 사실상 기후변화 이외의 이유로는 설명되지 않는다는 점이 우리의 분석에서 나타난다."

그는 2010년 러시아의 폭염과 2011년 텍사스 및 오클라호마의 극심한 가뭄이 기후변화 때문일 수 있다면서, "자연적 변동성으로 이러한 기상이변이 발생할 가능성은 아주 낮다. 그러한 가능성을 기대하는 것은 직장을 그만두고 매일 아침 복권을 긁어서 생계를 유지하려는 것이나 마찬가지다"라는 결론을 내렸다.

또한 2011년에 핸슨은 지구가 빠른 기후변화기에 접어들고 있기 때문에 급변하는 날씨가 우리의 희망보다 더 일찍 다가올 것이라고 주장했다.《사이언티픽 아메리칸》은 이와 같은 관점을 상세하게 설명한 대형 특집 기사를 낸 바 있다.

실제로《사이언티픽 아메리칸》의 정기 구독자라면 2007년에 샌디 같은 대형 폭풍을 예측한 또 다른 저명한 과학자가 기억날 것이다. 국립기상연구소(National Center for Atmospheric Research, NCAR)의 수석 과학자 케빈 트렌버스(Kevin Trenberth)가 쓴 기사는 '바다가 따뜻해지면 허리케인이 강해진다 (Warmer Oceans, Stronger Hurricanes)'는, 선견지명이 담긴 제목이었다. 트렌버스는 폭넓은 분석을 통해, 대서양에서 매년 발생하는 허리케인이 그 수가 늘지는 않겠지만 그 강도가 세질 것이라는 결론을 내렸다.

허리케인 샌디로 더 많은 과학자가 모호한 태도를 버리고 기후변화와 폭풍 사이의 관계를 더 대담하게 직접적으로 연관시키게 되었다. 2012년 10월 29일에 샌디가 뉴저지 해안으로 다가오자, 미네소타대학교 환경문제연구소 (Institute on the Environment)의 조너선 폴리(Jonathan Foley)는 이렇게 트윗을 했다. "이러한 종류의 폭풍이 기후변화 없이 일어날 것인가? 그렇다. 여러 요소들이 자극제가 된다. 기후변화 때문에 폭풍이 더 강해지는가? 그렇다."

매사추세츠대학교 기후시스템연구소(Climate Systems Research Center)의 레이먼드 브래들리(Raymond Bradley)는 캐나다 밴쿠버 지역지인《밴쿠버 선 (Vancouver Sun)》을 인용해서 이렇게 말했다. "폭풍이 발달할 때 해안에 닿으면 그 크기가 더 커지는데, 대부분 사람들이 이를 보증할 수 있다고 말하는 것이 공정하리라고 봅니다."

최근 몇 명의 저자들이 발표하여《미 국립과학원 회보(Proceedings of the National Academy of Science)》에 실린 한 전문가 심사 연구에서는 이렇게 결론을 내리고 있다. "가장 큰 사이클론은 더 더운 조건에 의해 가장 큰 영향을 받으며, 우리는 1923년 이래로 (대략 열대 폭풍 규모에 해당하는) 대형 해일 사건들의 빈도에 통계상 상당한 추세가 있음을 발견한다."

문화와 과학에 관한 블로그를 운영하는 인류학자 그레그 레이든(Greg Laden)은 2012년 10월 말에 온라인에 이렇게 포스팅했다. "기온이나 몇 가지 다른 기상 관련 요소들은 항상 작용하지만, 지구온난화가 그 기준점을 높인다. 정말로 그렇다. 하지만 기후변화와 해당 폭풍을 연결할 수밖에 없다는 것은 필연적이다. 모든 폭풍은 날씨이고, 모든 날씨는 기후의 즉각적 현상이며, 기후변화는 기후에 관한 일이다."

자, 이제 앞서 말했듯이, 아직도 과학자들을 믿지 못하겠다면 보험 대기업 뮌헨레(Munich Re)를 믿어보자. 저널리스트 엘리자베스 콜버트(Elizabeth Kolbert)는《더 뉴요커(The New Yorker)》에 2012년 10월 29일자로 기고한 기사에서 다음과 같이 말한다.

세계에서 가장 큰 보험사 중 한 곳인 뮌헨레는 '북미의 악천후(Severe Weather in North America)'라는 제목의 연구를 발표했다. 보고서와 동반된 보도자료에 따르면, "세계 어디에도 북미만큼 자연재해의 횟수가 분명하게 증가하는 곳은 없다." 이러한 추세에는 여러 가지 요소가 역할을 했고 홍수 취약 지역에 거주하는 인구가 늘어난 것도 그에 포함되지만, 이 보고서는 지구온난화가 주된 장본인 중 하나임을 인정했다. "기후변화는 특히 폭염, 가뭄, 집중호우 형성에 영향을 미치며, 장기적으로는 아마도 열대저기압의 강도에도 영향을 미칠 가능성이 크다."

보험업자, 과학자, 저널리스트 들은 토를 달지 않고 그저 기후변화가 대형 폭풍을 유발한다고 말하기 시작했다. 과학자들이 갈수록 더 많은 데이터를 수집함에 따라, 동일한 데이터 기반의 설명을 하겠다는 과학자는 더 늘어날 것이다.

슈퍼스톰 샌디의 치명적인 폭풍해일의 과학

데이비드 비엘로

브루클린 고와너스(GOWANUS) ― 슈퍼스톰 샌디의 해일이 필자의 집에서 한 블록보다 조금 더 멀리서 멈췄는데, 그 피해 지역은 뉴욕 시의 대피 지도에 나온 두 곳의 인접한 홍수 지역 경계와 거의 정확히 일치했다. 롱아일랜드 서쪽 끝 고와너스 운하에 가까운 집, 상점, 창고 들의 지하층과 저층은 악취가 나는 웅덩이로 전락했다. 이 지역은 산업의 유산과 폭우에 의한 하수 범람으로 미국에서 가장 오염된 지역 중 한 곳으로서, 슈퍼펀드(Superfund)* 대상으로 지정되기 위해 강바닥 진흙, 물, 인접 지역을 심사받고 있었다. 더러운

*연방 정부가 제공하는 오염 정화 자금.

물이 방재용 모래주머니와 그 밖의 홍수 예방책들에 막혀서 다음 날까지 남아 있었다.

뉴욕 대도시 구역과 더 남쪽인 뉴저지 주 전체에 걸쳐 샌디의 허리케인 강풍으로 나무가 쓰러지고 송전선이 끊겼으며, 200억 달러 이상으로 추산되는 피해가 발생했다. 하지만 시속 74마일(120킬로미터)이 넘는 강풍에 의한 가장 장기적인 영향은 육지로 넘친 거대한 너울 때문에 해변이 사라지고, 해변의 둘레길이 잠기고, 지하철 터널이 침수되고, 전기 시설이 파괴되고, 목숨들을 앗아 간 피해일 수도 있다.

믿기 힘들지도 모르지만, 이 사건으로 훨씬 더 큰 피해가 생겼을 수도 있다.

미국 국립해양대기관리처(National Oceanic and Atmospheric Administration, NOAA) 산하 국립허리케인센터(National Hurricane Center, NHC)의 폭풍해일 전문가 제이미 롬(Jamie Rhome)은 "최악의 경우는 아니었다"고 말한다. "최악의 경우는 더 강력한 폭풍이 샌디와 정확히 같은 경로로 오면서" 만조에 맞춰 해안에 상륙하는 상황이었을 것이다. 롬은 "그러면 홍수가 더 커졌을 것"이라고 덧붙인다.

그래도 슈퍼스톰 샌디의 거대한 홍수는 최근 수십 년 동안 전례 없는 규모였다. 하지만 전문가들에 따르면 앞으로 수십 년 안에 홍수가 발생할 가능성이 더 높아질 텐데, 그 이유는 이 지역의 지형, 취약한 해안 개발, 그리고 기후변화로 이미 이루어진 해수면 상승 때문이라고 한다. 미래에는 이 지역을 침수시키는 데 샌디 정도의 괴물폭풍이 필요하지 않을 것이다. 이러한 사실을 감안한 최선의 방어책이라면, 홍수의 필연성을 인정하고 이에 대비하기 위해서 역사적으로 폭풍해일에 의한 홍수 가능성이 더 높은 다른 지역에서는 더 흔해지고 있는 것과 같은 기반 시설을 준비하는 것이다.

## 처음이 아닌 홍수

물론 뉴욕 대도시 구역은 역사상 최악의 파괴적인 폭풍해일을 겪었다. 대부분 홍수는 그렇게 심하지 않았지만 말이다. 예를 들어 1960년의 허리케인 도나(Donna)는 2급 열대저기압으로서 동해안 전체를 강타했고, 풍속은 시속 105마일(169킬로미터)을 넘었다. 도나는 간조 때 닥쳐왔으며 2011년의 1급 허리케인 아이린(Irene)처럼 해안을 바로 덮치지 않고 해안과 평행하게 움직이는 등 완화 요인들이 있기는 했지만, 이 폭풍으로 바닷물이 뉴욕 항으로 쏟아져 들어와 높이 1.8미터 이상의 폭풍해일을 일으키면서 맨해튼 일부 지역이 허리케인 샌디 당시와 비슷하게 침수되었다.

반면 샌디 때 더 큰 해일이 발생한 것은, 샌디가 슈퍼스톰에서 포스트 열대저기압(post-tropical cyclone)으로 바뀐 후 그 앞에 있는 파괴적 해일의 벽을 뉴저지 해안으로 휩쓸어 보내고 뉴욕 항으로 북상하는 경로로 이동했기 때문이다.

바람이 어떻게 폭풍해일을 만들까? 열대저기압은 그 가장자리에서 기압이 가장 높고 중심부에서는 낮다. 그리고 시속 120킬로미터 이상의 기류가 그 저기압 지역을 채운다. 또한 저기압 자체도 그 아래의 해수면을 상승시키는 데 일조하여, 태풍의 눈이 상륙하는 곳에서 해일의 수위가 높아졌다. 파랑 그 자체도 효과가 더 커질 수 있었는데, 뒤의 파도들이 앞의 파도에 올라타면서 해안에 부딪혔기 때문에 폭풍해일의 높이가 더욱 높아졌다.

해일에 궁극적 영향을 미친 또 다른 주요 요소가 있다. 바로 해안의 지형이다. 롬은 "폭풍해일은 부동산과도 같다. 위치! 위치! 위치가 중요하다"고 말한다. 뉴욕 항은 깔때기 역할을 한 해안선으로 둘러싸여 있어서, 들어오는 물들이 점점 더 좁은 지역으로 몰리는 편류(channeling)가* 발생했다. 엄청난 양의 물이 흐르는 길이 좁아지자 "주변의 육지로 넘쳐서 홍수

*물이 저항이 약한 한쪽으로 몰려서 흐르는 현상.

가 나는 것 말고는 다른 방법이 없었다"고 롬은 설명한다. 그리고 해안이 가파르게 깊어지지 않고 바다 쪽으로 부드럽게 경사진 지역들에서는 더 큰 폭풍해일이 발생하게 된다. 면적이 약 790제곱킬로미터인 뉴욕 시는 폭풍해일에 특히 취약하다. 그 이유는 800킬로미터 길이의 해안선에 작은 만(灣), 강어귀, 그 밖의 깔때기 모양 지형들이 있어서 바닷물이 육지 깊은 곳까지 도달하는 경로가 될 수 있기 때문이다.

## 해일 예측 기술

그러한 홍수에 대처하기 위해서 중요한 한 가지는, 홍수의 가능성이 어느 정도이고 해안으로 밀려올 때 수위가 얼마나 높을지를 파악하는 것이다. 국립허리케인센터(NHC)의 폭풍해일과는 육지로 넘칠 물의 양, 즉 해수면보다 높아지는 '수위(wet line)' 예측의 근거를 만든다. 물론 예측은 결코 완벽할 수 없지만, (허리케인 전문가이기도 했던) 롬은 폭풍해일이 나타내는 시시각각의 변화에 영향을 미치는 변수로서 정확한 상륙 위치, 풍속, 해안으로의 접근 각도, 폭풍이 움직이는 속도, 그 크기 등을 꼽는다고 설명한다.

실제로 NHC는 폭풍해일에 관해 다수의 예측을 제공함으로써 비상 기획자의 대응을 돕는, 세계에서 몇 안 되는 시설 중 한 곳이다. 이곳에서는 해안의 등고선, 수심, 자연 지형, 인공 구조물, 강어귀 위치 등의 요소를 포함한 해안 자체의 데이터를 반영한 컴퓨터 모델로 연구를 시작한다. 그 후 컴퓨터는 풍속과 폭풍 자체의 속도 및 전체 규모의 입력값을 바탕으로 폭풍해일을 시뮬레이션하고, 이 결과는 NHC의 허리케인 전문가들이 최선의 예측을 하는 데 기초가 된다. 대부분의 폭풍해일 예측은 단일한 최선의 예측을 목표로 한다.

하지만 최고의 도구와 최고의 경험을 가진 최고의 기상학자라고 해도 이 문제를 정확히 예측할 수는 없기 때문에, NHC는 풍속이나 폭풍의 총 영역 같은 여러 가지 폭풍 입력값 변수들로 시뮬레이션 모델을 여러 차례 돌린다. 그러한 요소들이 비교적 조금만 변하더라도 폭풍해일의 수준이 빠르게 바뀔 수 있다. 롬은 "매우 까다롭다"고 말한다. "기상이 미묘하게 바뀌기만 해도 큰 차이가 생깁니다."

예를 들면 2004년의 허리케인 이반(Ivan)은 예측을 바탕으로 예상된 모빌 만(Mobile Bay)의 서쪽 경로에서 벗어나 모빌 만 동쪽으로 태풍의 눈이 지나갔다. 롬에 따르면, 50킬로미터가 안 되는 이러한 방향 변화로 실제 폭풍해일이 3미터 낮아지면서 해일이 만 안쪽으로 들이치지 않고 밖에 머물렀다. 롬은 "허리케인 상륙 2~3일 전에 50킬로미터 이내로 상륙을 예측할 수 있다고 생각하는 사람들은 자신들이 무엇을 하는지 모르는 것"이라고 말한다.

혹은 샌디를 보자면, 뉴저지에 상륙하기 직전 기압이 943밀리바(mb)로 노스캐롤라이나의 북쪽에서 발생한 것으로 기록된 모든 태풍 중에서 가장 낮았고, 지속 풍속이 시속 120킬로미터에 달했음에도 가장 약한 등급을 넘지 않는 허리케인이었다. 하지만 슈퍼스톰 샌디는 크기가 대단히 컸고 그 바람이 2,600제곱킬로미터 범위에까지 미쳤기 때문에 거대한 해일을 만들어냈다. 이 차이를 이해하기 위해서, 욕조에서 손가락으로 만드는 작은 폭풍은 물을 얼마뒤흔들지 못하는 반면 한 팔을 휘저어서 만드는 더 큰 폭풍은 큰 파도를 만들어낼 수 있음을 생각해보자.

실제로 샌디의 넓은 바람장은 여전히 해수면을 보통 수준 이상으로 밀어냈고, 태풍의 중심이 육지로 올라가고 나서 며칠 뒤까지도 바다에 영향을 미쳤다.

### 더 잘 보호되는 해안

모든 지역이 해안 개발로 조성되어 저지대로 이루어진 뉴욕 시는 이처럼 높은 해일에 특히 취약하다. 허리케인 활동이 더 많은 멕시코 만 연안과 동부 플로리다 같은 지역은 홍수 방벽, 방파제, 인공 습지 등이 폭풍의 영향을 완화하는 데 도움이 된다. 한 예로 2008년의 허리케인 아이크(Ike)와 비슷한 규모의 폭풍으로부터 텍사스 주 갤버스턴(Galveston)을 보호하기 위해 그 도시 주변의 방벽을 확장하자는 제안이 나오고 있다.

맨해튼을 완벽히 보호하려면 길이 16킬로미터, 높이 5미터, 두께는 (기초 부분이) 거의 5미터인 갤버스턴 해안 방파제와 비슷한 모양으로 크고 길게 이어지고 섬을 양쪽에서 감싸는 홍수 방벽을 만들어야 할 것이다. 1960년에 허리케인 도나가 지나간 뒤 코니아일랜드(Coney Island)에 그런 방파제를 만들자는 제안이 있었으나, 실제로 건설되지는 않았다.

방파제가 만병통치약이라고 말하는 것은 아니다. 그러한 방벽을 만든다 해도 극심한 홍수가 일어나면 그 방벽이 물을 바깥쪽뿐만 아니라 안쪽에 가두는 역할을 할 수 있는데, 허리케인 아이크가 갤버스턴을 덮쳤을 때 실제로 그런 일이 벌어졌다. 그러한 방법은 다른 이유들 때문에라도 늘 인기 있지는 않다. 즉 바다 조망을 해친다는 것이다. 텍사스A&M대학교의 지형학자 크리스 하우서(Chris Houser)는 "미적인 문제도 있다"고 지적한다.

　이론상으로는 습지, 숲, 평행사도(平行砂島)* 같은 자연적 보호막들이 폭풍의 영향을 둔화시킬 수 있다. 하우서는 평행사도와 그 모래언덕이 "방파제와 같지만 모래로 만들어졌다"고 말하는데, 이러한 지형은 그의 주요 연구 분야이다. 그처럼 평행사도가 돌출한 형태는 폭풍해일을 막는 역할을 하며, 이는 뉴욕 항에 있는 오목한 형태의 만이나 어귀의 깔때기 효과와 비교된다. 하지만 뉴욕 시 주변에는 습지나 숲 같은 자연적 보호막을 되살릴 만한 토지가 없다.

*해안선과 평행하게 토양이 퇴적해서 만들어진, 기다란 모양의 섬.

　어쨌든 슈퍼스톰의 피해를 막으려면 자연적 평행사도보다 더 큰 무엇인가가 필요할 것이다. 예를 들어 루이지애나에서는 해안의 재산들과 석유 및 가스 시설들을 보호하기 위해 자연발생적 섬보다 세 배 높은 인공 장벽을 만들 것이다. 뉴욕 항에도 그 정도로 큰 인공적 장벽섬을 건설해야 할 것이다.

　그러면 아마 런던을 보호하려고 템스 강에 설치된 조수 방벽, 아니면 네덜란드에 있는 것 같은 거대한 제방, 방벽, 기타 수량 조절 구조물들처럼 너무 비싼 대안을 피할 수 있을 것이다. 하지만 템스 방벽은 건설비가 거의 20억 달러나 들었고, 운영비로 연간 약 1,000만 달러가 소요된다. 그러한 조수 장벽은 최소한 100년 이상 오래된 일부 뉴욕 시 계획자들의 꿈이었다.

## 기후변화에 대한 적응

이 모든 대안으로도 충분치 않은 듯, 해수면 상승에 대처하는 추가적 시험도 이루어지고 있다. 뉴욕 시에는 두 가지 큰 요인이 작용한다. 우선 맨해튼 섬의 먼 북쪽에 있던 엄청난 무게의 빙하기 빙하가 제거된 이후 더 북쪽의 지면이 솟아오르면서 맨해튼 섬 자체는 천천히 가라앉게 되었다. 그다음으로 미국 지질연구소(Geological Survey)에 따르면, 그와 동시에 20세기 전체에 걸쳐 해수면이 국지적으로 거의 8센티미터 상승했다. 이러한 변화들 때문에 폭풍해일로부터의 장기적 보호 체계를 만들기는 훨씬 더 까다로워질 것이다. 롬은 "새로운 원점에서 시작하는 것"이라고 말한다. "미래에는 똑같은 폭풍이 훨씬 강력한 폭풍해일을 만들어낼 것입니다."

예를 들어 네덜란드는 과학적 예측의 최대치이기는 하지만 21세기 말까지 해수면이 거의 1미터 상승하리라는 가정 아래 계획을 세우고 있다. 네덜란드의 계획은 기존의 장벽과 제방을 강화하고 더 높이며, 수백 년 동안 해왔던 것처럼 일정한 지역을 만약에 대비한 홍수 지대로 준비해서 필요한 경우 물이 이곳으로 범람하도록 하는 것이다.

앞으로는 그러한 필연적 홍수가 닥칠 것을 준비하는 것이 그러한 사건을 막으려고 시도하는 것만큼, 아니면 그보다 더 중요해질 것이다. 하우서는 "맨해튼이 또 다른 폭풍해일을 맞을 가능성은 점점 더 높아질 것"이라고 지적한다. 기반 시설들, 특히 지하철 터널처럼 지하에 있는 시설들과 필수 장비들을 홍수 대비용으로 만들어야 한다. 예를 들면 지하층의 발전기나 연료 탱크를 다른 곳으로 옮길 수 있고, 터널에는 설치된 펌프에 보호 조치를 해서 나중에 정상 작동을 하게끔 할 수 있다.

그러면 미래에 샌디보다 더 큰 홍수를 유발할 수 있는 슈퍼스톰이 뉴욕 시에 닥칠 때 도움이 될 것이다. 대도시 지역에는 운이 좋게도, 포스트 열대저기압이었던 샌디는 바닷물을 넘치게 만든 지역에 비까지 오게 하지는 않았다. 비와 폭풍해일이 함께 오는 곳에서는 홍수가 훨씬 악화될 것이다. 롬은 "일부 폭풍은 강어귀에 엄청난 해일을 일으키면서 동시에 많은 비를 내린다"고 설명한다. "그러면 그 효과가 합쳐져서 믿을 수 없을 정도로 치명적인 결과를 초래할 수 있습니다."

실제로 미국의 다른 모든 지자체가 만든 것들과 비슷한 뉴욕 시 홍수 구역 지도는, 최악의 경우 어떤 일이 일어날 수 있는지를 파악하기 위해 폭풍이 없는 시기에 컴퓨터 모델링을 하여 얻은 직접적 결과이다. 여기서 A구역은 어떠한 열대저기압 수준의 폭풍에도 침수가 가능한 지역이고, C구역은 시속 177킬로미터 이상 풍속의 대형 허리케인에 의해서만 침수될 수 있는 지역이다. 롬은 "C구역은 최악의 시나리오"라고 설명한다.

이는 고와너스의 C구역이 겪은 혹독한 경험으로 증명되었는데, 그곳에서는 흔한 미 북동 지역 폭풍우로도 하수가 운하로 넘치고, 더 강한 폭우가 오면 거리가 강으로 변하는 것을 볼 수 있다. 그러한 폭우가 슈퍼스톰 샌디로 초래된 것 같은 해일과 함께 오면 훨씬 파멸적인 홍수가 발생할 것이다. 뉴욕 시, 그리고 모든 해안 도시는 미래를 위해 지금부터 준비해야 한다. 슈퍼스톰 샌디의 교훈은 뉴욕 주지사 앤드루 쿠오모가 2012년 10월 31일의 기자회견에서 다음과 같이 지적한 바와 같다. "기후변화는 현실이고, 기상이변이 현실임을 인정합니다. 우리가 그에 취약하다는 것이 현실입니다."

# 2

## 더 많아지는 기상이변

마크 피셰티

북반구에서는 6월에 기상학적 여름이 시작되지만, 그 시기에 북극에서 벌어지는 일이 12월의 날씨에 크게 영향을 미칠 수 있다.

2011~2012년 겨울은 미국 역사상 가장 따뜻했던 반면, 동유럽은 치명적인 한파가 덮치고 지붕에 눈이 수북이 쌓였다. 하지만 그전의 겨울에 호된 고초를 겪은 것은 미국이었다. 무슨 일이 있는 것일까? 그리고 다음에는 무슨 일이 일어날까?

마침내 아마 약간의 답을 얻은 것 같다.

2012년 7월에 코넬대학교의 대기학자 찰스 그린과 브루스 몽거(Bruce Monger)가 해양학회 학회지인 《오셔노그래피(Oceanography)》에 발표한 새로운 분석은, 여름에 북극해의 얼음이 녹는 정도에 따라 겨울이 얼마나 혹독한지를 추적한다. 빙하가 더 많이 녹으면 제트기류에 근본적인 변화가 생기는데, 제트기류는 북반구 중위도 지역에서 겨울 날씨에 가장 큰 영향을 미치는 대기의 주된 기압변화도(pressure gradient)이다.*
이 분석은 앞으로 이례적 겨울이 일상적이 될지 도 모른다고 결론 짓고 있다.

*어떤 두 지점 사이의 기압 차이를 기압변화도라고 한다.

해상의 빙하는 햇빛을 반사한다. 하지만 빙하가 녹을수록 더 많은 해수면이 노출된다. 바닷물은 얼음보다 훨씬 어둡기 때문에 태양열을 더 많이 흡수해서 따뜻해지고, 그러면 빙하가 더 많이 녹는 현상이 되풀이되기 시작한다. 가을이면 바다가 과잉되었던 열을 대기로 배출한다. 그러면 북극과 중위도 지역 간 기온차, 즉 변화도가 줄어들고, 그 지역의 기압장(氣壓場)* 간 차이가 줄어든다. 북위 70도에서 북극까지의 기압장을 북극진동(Arctic Oscillation)이라 하고, 북위 70도에서 아열대 지역까지의 기압장은 북대서양진동(NAO)이라고 한다.

*기압의 힘을 받는 공간.

그린에 따르면, 두 진동 간 차이가 적어지면 겨울의 제트기류 움직임이 달라진다. 그러면 북극으로부터의 혹한과 폭설이 더 남쪽을 강타하거나, 열대 온기가 평소보다 훨씬 북쪽까지 퍼질 수 있다. 그린은 이 새로운 움직임으로 2011~2012년 유럽의 기록적 한파와 이례적으로 따뜻했던 미국의 겨울, 2010년에 워싱턴D.C.가 폭설에 파묻힌 스노우마겟돈(snowmageddon)**, 그리고 앞으로의 겨울에 일어날 수도 있는 일들이 설명된다고 주장한다.

**눈(snow)과 아마겟돈(armageddon)을 합성한 말로, 재앙 수준의 폭설을 일컫는다.

2011~2012년 유럽의 겨울 한파 : 제트기류는 미국, 유럽, 아시아의 북위도 지역에서 서쪽에서 동쪽으로 흐른다. 하지만 그 움직임이 곧은 수평선처럼 나타나는 경우는 드물다. 텔레비전 일기예보에서 자주 보는 바와 같이, 보통 제트기류 동선은 한 부분이 부드럽게 남쪽으로 휘어지고 다시 부드럽게 북쪽으로 휘어져서 마치 지구를 감싼 사인곡선처럼 보인다. 하지만 북극진동과 북대서양진동 간의 기압변화도가 줄어들면 북극의 공기가 제트기류

를 향해 남쪽으로 움직일 수 있게 된다. 그렇지만 여기에 결정타가 있다. 기압변화도가 더 약해지면 제트기류가 느려진다. 그러면 큰 이동 곡선이 평소보다 더 북쪽과 남쪽으로 휘어지고 그 끝단의 위치가 평소보다 더 오래 고정되는 경향이 생긴다. 이러한 상황이 되면 동유럽에 한파가 닥친다.

2011~2012년 미국의 따뜻한 겨울: 그러면 왜 그와 동시에 미국의 겨울은 이례적으로 따뜻했을까? 사인곡선을 기억해보자. 미국의 동쪽 절반에서는 제트기류가 북쪽으로 더 휘어지고 오랫동안 머물러서 아열대 지방의 따뜻한 공기가 캐나다 국경 쪽으로 올라와서 머문다.

이러한 패턴은 태평양의 라니냐(La Niña)* 기압 패턴에 의해 더 강화되어, 제트기류가 미국 동부에서 북쪽으로 흐르는 경향이 생긴다.

2010~2011년 미국의 겨울 폭설: 하지만 그 한 해 전에는 북극진동과 북대서양진동 간의 변화도가 더 작았기 때문에 제트기류가 미국 동부로 깊게 내려가서 머무르게 되었다. 그리고 태평양에서는 엘니뇨(El Niño)가** 발생해서 미국 서부에서 제트기류가 북쪽으로 밀려 올라가는 경향이 생겼고, 북동 지역에서는 남쪽으로 휘어서 북극의 찬 공기가 밀려 내려왔다.

*적도 지역 동태평양에서 하층 대기의 편동풍과 상층 대기의 편서풍이 강해지는 현상으로, 해수면 온도가 낮아지고 동남아시아와 호주 지역에 폭우를 유발한다.
**적도 지역 서태평양의 바람이 강해지고 동태평양의 무역풍이 약해져서 생기는 현상으로, 동태평양 지역의 해수면 온도가 높아진다.

이 모든 일의 교훈은 여름에 북극해의 얼음이 더 많이 녹을수록 제트기류의 동선이 더 급하게 휘어지고 더 오래 그 상태로 머물러서 겨울이 평소보다 더 추워지거나 따뜻해진다는 것이다. 그린은 "북극 기후 시스템이 크게 변해서 게임 규칙이 변한다"고 말한다. "우리가 알던 북극해와는 다릅니다. 북극진동과 북대서양진동은 우리가 예상치 못한 방법으로 변하고 있습니다." 그는 항상 꽤 꾸준했던 이 상호작용이 이제는 날씨에 영향을 미치는 "와일드카드"가 되고 있다고 말한다.

그린에 따르면, 그 결과로 "평소 같은" 겨울이 덜 나타날 것이라고 한다. 아주 춥거나 따뜻한 겨울에 각자 대비해야 한다. 기후학자들은 진동들이 어떻게 움직일지를 2주 이상 자세히 예측할 수 없지만, 북극해의 얼음이 여름이 될 때마다 지나치게 많이 녹으면 "차가운 북극 공기와 눈이 미국의 동해안에 더 많이 나타나리라고 예상할 수 있다. 어느 해에 그렇게 될지는 장담할 수 없지만, 10년 안에 그렇게 된다는 데 내기를 건다면 아마 돈을 딸 것"이라고 그린은 말한다.

2012년 6월 7일에 미국기상청(National Weather Service)의 기후예보센터(Climate Prediction Center)가 여름의 엘니뇨 관측일지를 세계에 공개한 바를 보면, 2012년 12월부터 시작되는 북동 지역의 겨울이 추워질 가능성이 훨씬 높아졌다.

# 2-2 기상이변은 기후변화의 산물

존 캐리

2011년에 노스다코타 주에서 강의 수위가 계속 올라갔다. 캐나다의 서스캐처원 주에 한 달 넘게 내린 기록적인 폭우로 수리스 강(Souris River)의 수위가 1881년 이래 역대 최고점을 기록한 것이다. 불어난 물은 노스다코타에서 네 번째로 큰 도시인 마이놋(Minot)으로 넘쳤고, 수천 에이커의 농장과 산림을 휩쓸었다. 1만 2,000명 이상의 사람들이 대피해야 했다. 수많은 사람이 홍수에 집을 잃었다.

노스다코타에서 발생한 재난은 만약 이런 기상이변이 갑자기 흔해지지 않았다면 아마도 더 큰 화제가 되었을 것이다. 2011년에만도 엄청난 폭설이 미국 북동부를 강타했고, 토네이도가 전국을 휩쓸었으며, 미시시피 강이나 미주리 강 같은 큰 강들은 둑이 범람했고, 홍수가 호주의 대형 농장들을 뒤덮었으며, 중국과 대홍수를 겪은 콜롬비아에서는 500만 명 이상의 이재민이 생겼다. 그리고 그러한 2011년의 자연재해는 충격적인 기상이변을 겪은 2010년에 뒤이은 것으로서, 2010년에는 테네시 주 내슈빌(Nashville)과 파키스탄의 기록적인 홍수에서부터 러시아의 극심한 폭염에 이르는 여러 사건들이 있었다.

이러한 패턴은 국립해양대기관리처(NOAA)의 산하 기관으로서 노스캐롤라이나에 있는 국립기후자료센터(National Climatic Data Center) 과학자들의 주의를 끌었다. 노스다코타와 세계의 다른 지역들에서 발생한 대규모 홍수들은 보통 100년에 한 번 발생하리라고 예상되는 규모였다. 하지만 기후변화 모델 예측 중 한 가지에 따르면 기상이변, 즉 홍수와 폭염 및 가뭄, 심지어 눈보라도 전보다 훨씬 흔해질 것이라고 한다. 이 기관의 기후모니터링과 과장 데케 아른트(Deke Arndt)는 "온난화되고 있는 세계에서는 폭우와 야간 최저온도 상승이라는 두 가지가 예상된다"고 말한다. 아른트 팀은 이미 미국 전체에 걸쳐 야간 최저온도가 충격적으로 상승했음을 입증한 바 있다. 그렇다면 최근의 홍수를 비롯한 기상이변들은 기후 예측이 엄연한 현실이 되어가는 사례일까?

시간이 갈수록 그 대답은 '예'가 되고 있다. 과학자들은 기상이변이 기후변화 예측과 "일치한다"고 조심스럽게 말해왔다. 하지만 더 이상은 그렇게 조심스러워하지 않는다. 콜로라도 주 볼더(Boulder)에 있는 국립기상연구소(NCAR)의 기후분석 실장 케빈 트렌버스는 이렇게 말한다. "이제는 특정한 기상이변 사건들이 지구온난화가 아니었다면 동일하게 발생하지 않았을 것이라고 말할 수 있습니다." 이는 엄청난 변화이며, 무언가를 예측하는 것과 실제로 일어나는 그 일을 목격하는 것의 차이이다. 그 이유는 간단하다. 기후변화의 신호는 '노이즈(noise)', 즉 날씨의 자연적 변동성이 커지는 것에서 나타나고 있다.

## 이상기후의 신호

두 가지 핵심 증거가 있다. 우선 노스다코타의 홍수나 130억 달러의 피해를 초래한 2010년 내슈빌 홍수, 혹은 2010년 여름에 파키스탄에서 1,500명의 인명 피해와 2,000만 명의 이재민이 발생한 대형 몬순 폭우 같은 재난을 더 인식하게 된 것으로 끝이 아니다. 데이터를 보면 그러한 사건의 횟수가 증가하고 있다. 세계 최대의 보험사 중 한 곳인 뮌헨레는 자연재해에 관해 세계에서 가장 종합적인 데이터베이스를 구축하고 있는데, 거슬러 올라가면 서기 79년의 베수비오 화산 폭발에 대한 것까지 담고 있다. 뉴저지 주 프린스턴에 있는 뮌헨레의 재난 리스크 관리실의 선임 기상연구원 마크 보브(Mark Bove)는, 보험의 리스크를 높이는 경향에 관해 분명히 강한 금전적 이해관계가 있는 이 회사의 조사원들이 해마다 700~1,000개의 자연재해를 데이터베이스에 추가한다고 설명한다. 이 데이터는 1980년 이래로 지진 같은 지질학적 사건이 약간 증가했음을 보여주는데, 이는 보고 체계가 개선되었기 때문이다. 하지만 기후 재난의 횟수는 훨씬 더 크게 증가했다. 뮌헨레의 지질학적리스크연구/기후연구소(Geo Risks Research/Corporate Climate Center)의 피터 회페(Peter Höppe)는 "우리의 수치는 기상이변이 증가하는 경향을 보여주며, 이는 기후변화로만 완벽히 설명될 수 있다"고 말한다. "날씨 변환 기계를 더 세게 작동한 것과도 같습니다."

두 번째 증거는 기후원인분석(climate attribution)이라고 하는 새로 생긴 과학 분야에서 나온다. 이 학문은 형사가 범죄를 수사하듯 개별 사건을 조사해서 기후변화의 증거 흔적을 찾아내는 것이다. 이 흔적들은 2000년 잉글랜드와 웨일스에 닥친 사상 최악의 가을 홍수에서, 2003년 프랑스에서 1만 4,000명이 사망한 유럽 폭염에서, 허리케인 카트리나에서, 그리고 아마도 내슈빌에서도 나타난다. 이것이 기후변화가 아니었다면 폭풍이나 무더위가 전혀 발생하지 않았을 것이라는 뜻은 아니지만, 트렌버스 같은 과학자들은 만약 인류가 지구의 기후를 바꿔놓지 않았다면 기상이변이 그 정도로 심하지는 않았을 것이라고 말한다. 이 새로운 과학은 아직 논쟁의 대상이다. 일례로 러시아의 폭염이 기후변화의 특유한 신호를 지녔는지, 아니면 그저 자연적인 가변성이었는지에 관해서는 연구자들 사이에 활발한 논쟁이 이루어지고 있다. 일부 학자들은 개별 사건들의 원인을 기후변화로 돌리려는 시도가 더 큰 정치적 논쟁에서 역효과를 낳을 것을 우려하는데, 이는 지구가 늘 기상이변을 겪어왔다는 말로서 그 주장을 일축하기가 너무 쉽기 때문이다. 그리고 일부 연구자들은 개인적으로 그 연관 관계를 수긍했음을 너무 공개적으로 말하기를 꺼리는데, 그 이유는 지구온난화가 의회에서 많은 사람의 표적이 되었기 때문이다.

하지만 현대의 도시화에 따른 공해와 기상이변 사건들 간의 관계에 관한 증거는 점점 많아지고 있으며, 그 증거들은 기후변화 위협에 대한 인식을 완전히 바꿀 가능성이 있다. 지구온난화는 더 이상 추상적 개념이 아니며 멀리 있는 생물, 먼 땅, 먼 미래의 세대에 영향을 미치고 있다. 반면 기후변화는 개인들에게 직접 영향을 미치는 문제가 되고 있다. 그러한 영향력은 메릴랜드주의 농부들이 기온 급등으로 꽃가루받이가 멈춰 옥수수 수확을 망치거나, 내슈빌의 그랜드 올 오프리(Grand Ole Opry)에* 홍수로 물이 넘쳐 흠뻑 젖은

*라디오 프로그램 공개방송이 열리는 공연장.

집들에서 악취가 풍기고 130억 달러의 피해를 입은 경우에서 볼 수 있다. 내슈빌에 사는 작가이자

환경 저널리스트인 아만다 리틀(Amanda Little)은 "어느 순간부터 갑자기 북극 곰이나 몰디브에 대해 더 이상 이야기하지 않는다"고 말한다. "기후변화는 아기 요람에 핀 곰팡이로 현실화되었습니다. 집과 학교와 교회를 이야기하고 있고, 이 모든 곳이 피해를 입었습니다."

## 내슈빌 침수

실제로 2010년 5월에 내슈빌을 덮친 기록적인 홍수는 기상이변이 일상생활을 얼마나 빠르게 악몽으로 바꿀 수 있는지를 보여준다. 홍수가 난 그 주말은 지루하게 시작되었다. 그날 비가 내릴 확률은 50퍼센트로 예보되었다. 음악가인 에릭 노먼과 그의 아내 켈리는 그들이 걱정한 토네이도 예보가 없어서 다행스럽게 여겼다. 에릭은 내슈빌 남쪽 시내에서 열리는 자신의 토요일 공연이 어렵지 않게 진행되리라 예상했다.

그는 틀렸다. 토요일에 비가 왔다. 계속 비가 왔다. 내슈빌 주민인 리치 헤이스는 "일생 동안 겪어본 적이 없는 전혀 다른 종류의 비"였다고 말한다. 리틀은 여름의 집중 뇌우, 말하자면 비가 그칠 때까지 몇 분 동안 몸을 피한 뒤에야 다시 길을 나설 수 있는 폭우가 쏟아지는 상황을 상상해보라고 말한다. 그녀는 2010년 5월 그 주말의 비가 그와 비슷했지만 멈추지 않았다는 점이 달랐다고 회고한다. 동료 음악가들과 함께 버스에 타고 있던 노먼은 나중에 "창문 밖을 보았더니 비에 젖은 녹색과 회색의 나뭇가지들이 우거져 있었다"고 썼다. 수십 대의 차들이 방금 지나온 길에서 물에 잠겨 있었다. 노먼은 공연을 위해 떠난 14시간의 짧은 버스 여행이 "난생처음 겪어보는 가장 긴박하고 끔찍한" 경험이 되었다고 말한다.

그리고 계속 비가 왔고, 그 주말에 33센티미터가 내렸다. 리틀의 지하층에는 물이 차올라서 30센티, 60센티, 그리고 1미터 깊이가 되었다. 그녀는 "손댈 수 없는 상황이 되어 공포감을 느꼈다"고 말한다. 헤이스는 집 지하층에 균열이 생겼고 물줄기가 들어와서 "한강"이 되었다고 회고한다. 그는 그리고 한밤중이 되자 "거대한 금이 가는 소리가 거의 폭발음처럼 들렸다"고 말한다. 수압 때문에 집의 콘크리트 기초에 금이 갔다. 그와 부인은 집이 무너질지도 모른다는 공포에 떨며 밤을 보냈다.

일요일 아침에 노먼은 폭우가 내리는 가운데 밖으로 나가서, 이웃에게 언제 전기가 다시 들어올지 아느냐고 물었다. 그러고 나서 그는 평범한 세상이 사라졌음을 깨달았다. 언덕 밑의 작은 개울이 이제는 폭 0.8킬로미터의 호수가 되었고, 집들은 거의 2층까지 물에 잠겼다. 노먼은 "믿기지 않는다는 생각이 처음 들었다"고 말한다. 그와 가족들은 전기가 끊어진 집에 갇혔고, 주변의 도로는 물에 잠겼다. 그는 "우리는 그저 넋이 나갔다"고 회고한다.

리틀은 물에 잠긴 도시 전체가 비현실적인 환상 같았다고 말한다. "비상식적인 상황 천지였습니다. 교회는 기초가 들떠서 거리를 떠다녔어요. 차들은 고속도로에서 떼로 떠다녔고요." 그녀의 집 지하실에는 가족의 짐들이 연못의 쓰레기처럼 둥둥 떠 있었다.

내슈빌공항에서 기록한 바로는 폭우가 그치기까지 33센티미터 이상의 비가 왔다. 최종적으로 31명이 사망하고 30억 달러 이상의 재산 피해가 났으며, 내슈빌은 대형 기상재해로부터 안전하다는 오랜 인식에 종지부가 찍혔다. 리틀은 말한다. "이렇게 어마어마한 자연의 힘에 노출되어본 적이 없던 지역사회에 말 그대로 폭풍이 강타했습니다."

　하지만 내슈빌의 폭우, 노스다코타의 홍수, 그 밖에 전 세계의 많은 기상이변 사건을 인간이 대기로 배출한 온실가스와 연결시킬 수 있을까? 그 답은 점차 '예'가 되고 있는 것으로 보인다. 반면 어느 특정한 사건이 기후변화로 초래되었다고는 결코 말할 수 없으며, 새로운 과학은 기후변화가 개별 사건에 일조하는지, 그리고 기후변화 때문에 기상이변의 발생 가능성이 높아지는지를 알아내려 애쓰고 있다.

# 2-3 지구온난화와 기상이변의 과학

존 캐리

대홍수, 오랜 가뭄, 타는 듯한 폭염, 거대한 폭풍우 등등은 지난 몇 년간 단지 새로운 평범함이 된 것만으로 보이지는 않는다. 보험사 뮌헨레가 수집한 데이터에 따르면, 이러한 사건들은 더 흔한 일이 되었다. 하지만 이러한 사건들의 증가가 인간이 유발한 기후변화의 결과일까, 아니면 단지 자연적인 기후 변동 때문일까? 어쨌든 홍수와 가뭄 기록은 석탄, 석유, 천연가스로 현대 산업이 가능해지기 이전인 인류의 초창기까지 거슬러 올라가는 것이 사실이다.

최근까지 과학자들은 그처럼 더 많아지는 기상이변과, 인간이 대기 중으로 배출하는 온실가스가 초래한 기후변화가 "일치한다"고만 말할 수 있었다. 하지만 이제는 인간이 유발한 대기 변화 때문에 기상이변의 가능성이 커졌으며, 지구온난화가 없었다면 많은 개별 사건이 동일하게 벌어지지 않았을 것이라고 단정적으로 이야기하기 시작했다. 그 이유는 기후변화의 신호가 결국 '노이즈', 즉 날씨의 자연적 변동성이 커지는 것에서 나타나고 있기 때문이다.

과학자들은 일반적인 기상 변동을 주사위 굴리기에 비유한다. 대기에 온실가스를 배출하면 그러한 기상이변이 발생할 가능성이 높아진다. 하지만 그러면 단지 날씨 주사위만 바뀌는 것이 아니다. 호주 뉴사우스웨일스대학교 기후변화연구소(Climate Change Research Center)의 공동 소장 스티브 셔우드(Steve Sherwood)는 이렇게 말한다. "한 주사위의 각 면에 점을 하나씩 더 찍어서 1부터 6이 아닌 2부터 7이 나오게끔 하는 것과 비슷합니다. 그러면 주사위 두 개를 던질 때 11이나 12가 나올 가능성이 높아지지만 13이 나올 수도 있습니다."

왜일까? 기본적인 물리학이 작용되기 때문이다. 영국 기상청 해들리기후변화센터(Hadley Center for Climate Change)의 기후모니터링 및 원인분석 실장 피터 스콧(Peter Stott)은 다음과 같이 설명한다. 즉 지구의 기온은 산업혁명기 이래로 이미 섭씨 약 1도가 상승했는데, 이는 대기로 배출되는 $CO_2$와 기타 온실가스 때문이다. 그리고 기온이 섭씨 1도 높아질 때마다 대기가 수분을 7퍼센트 더 함유할 수 있다. 그는 "이는 꽤 큰 수치"라고 말한다. 그리고 어떤 지역에서는 그 증가분이 훨씬 더 크다. 에임스(Ames)에 있는 아이오와주립대학교의 기상학 교수 진 태클(Gene Takle)이 수집한 데이터를 보면, 아이오와주의 주도 디모인(Des Moines)에서는 지난 50년간 여름의 습도가 13퍼센트 증가했다.

## 폭우의 물리학

대기 중에 수분이 많아진다는 것은 필연적으로 비가 많이 오게 된다는 뜻이다. 그것은 분명히 사실이다. 하지만 기후 모델은 어떤 종류의 비들이 단지 더 오기만 하는 것이 아니라고 예측한다. 스콧은 지구에 대규모의 에너지 균형이 이루어져 있기 때문에, "그 결과 기온이 1도 높아질 때마다 전체 강수 횟수는 불과 2~3퍼센트 늘어나는 반면 폭우는 6~7퍼센트 늘어난다"고 말한다. 그 이유는 역시 물리학 때문이다. 비는 대기 중 수증기가 액체로 응결될 정도로 대기가 충분히 차가워지면 내린다. 스콧은 "하지만 대류권(troposphere)의*

*대기권의 가장 아래층으로, 약 10~15킬로미터 고도 이하의 영역.

**지표면과 대기가 열에너지를 방출하여 냉각되는 현상.

온실가스 양이 늘었기 때문에 복사냉각(radiative cooling)** 효율이 떨어지고 복사열이 우주로 빠져나갈 수 있다"고 설명한다. "따라서 세계적인 강수 횟수 증가율이 낮아져서 기온이 1도 상승할 때마다 강수 횟수가 2~3퍼센트 증가하게 됩니다."

하지만 습도가 높아서 눈이나 비가 올 때는 더 많이 내리게 될 가능성이 크다.

아이오와는 이런 유형에 들어맞는 여러 지역 중 한 곳이다. 태클은 아이오와 주에서 폭우의 횟수가 세 배 내지 일곱 배 늘었음을 입증했다. 여기에는 1993년에 발생한 500년 규모의 미시시피 강 홍수, 2008년의 시더래피즈(Cedar Rapids) 홍수, 그리고 2010년에 에임스에서 힐튼콜리세움(Hilton Coliseum) 농구장이 2.5미터가량 침수된 500년 규모의 홍수가 포함된다. "2010년의 에임스 홍수가 기후변화로 초래되었다고 장담할 수는 없지만, 이 사건들의 가능성이 더 높아졌다고는 말할 수 있습니다." 태클의 말이다.

그리고 더 많은 사건들이 다달이 뉴스를 장식하는데, 사우디아라비아 리야드(Riyadh)의 전례 없는 홍수에서부터 2011년 초 미 북동부에 큰 피해를 입힌 대폭설, 2010년 11월에서 2011년 1월까지 호주에서 독일과 프랑스 크기의 면적을 침수시킨 폭우가 그 예이다. 호주 지역 당국이 "성경급 재난"이라고 부르는 이런 사건들은 세계 경제에도 충격적인 여파를 초래해서, 막대한 생산량의 호주 탄광이 홍수에 잠기는 바람에 세계의 석탄 가격이 급등하기도 했다.

## 더 험악해지는 날씨

많은 과학자는 대기 중 수분과 에너지가 많아지고 바다의 수온이 높아지는 것은 더 강력한 허리케인의 발생을 의미한다고도 말한다. 실제로 2010년에는 수십 년 만에 처음으로 이고르(Igor)와 줄리아(Julia)라는 4급 허리케인 두 개가 대서양에서 동시에 발생했다. 또한 대기 조건이 바뀌면서 격렬한 상승기류를 띤 더 강력한 뇌우가 발생할 가능성이 커졌다. 가령 2010년 7월 23일에는 사우스다코타 주의 비비안(Vivian)에서 발생한 폭풍으로 우박이 쏟아져 지붕들에 야구공 크기의 구멍이 생겼는데, 약간 녹았는데도 직경이 20센티미터에 달해서 미국 최대 크기로 기록된 거대한 얼음 덩어리였다. 이 우박을 발견한 비비안의 농부이자 목장주인 레 스콧은 이렇게 말한다. "전에는 그런 폭풍을 본 적이 없어요. 그런 일은 다시 겪고 싶지 않습니다."

지구온난화는 대규모의 순환 패턴을 바꾸기도 한다. 과학자들은 태양이 적도에서 수분을 함유한 공기를 가열해서 공기의 상승을 유발한다는 것을 알고 있다. 더운 공기가 상승하면 냉각되고 함유된 수분 대부분을 열대성 호우의 형태로 쏟아낸다. 이 더운 공기가 9.5~16킬로미터 높이로 상승하면 이제 건조해진 이 공기가 극지방 쪽으로 움직이고 아열대 지역, 보통 바하칼리포르니아(Baja California) 반도 정도의 위도에 도달하면 다시 하강한다. 이른바 해들리 셀(Hadley cell)이라는 이러한 순환 패턴은 사막화에 일조하고, 바람 및 제트기류를 주고받는다.

하지만 기후 모델 예측에 따르면, 지구가 더 더워지면 건조한 공기가 적도에서 북쪽과 남쪽으로 더 멀리까지 이동한 후에 강하하게 되는데, 그러면 미국 남서부나 지중해 같은 지역이 더 건조해진다. 그리고 그처럼 해들리 셀이 확장되면 허리케인 같은 폭풍도 더 북쪽으로 움직인다. 이 모델이 맞을까? 컬럼비아대학교 라몬-도헤르티 지구관측소(Lamont - Doherty Earth Observatory)의 리처드 시거(Richard Seager)는 기후변화에 따른 미국 남서부의 건조화 경향을 조사해오고 있는데, 그는 "발생 초기를 나타내는 몇 가지 잠정적 증거가 있는 것으로 보인다"고 말한다. "그 증거들은 우리의 기후 모델에 확신을 심어줍니다." 실제로 다른 연구들을 보면, 해들리 셀이 확장되었을 뿐만 아니라 모델에서 예측한 것보다 더 많이 확장되었다.

2011년 현재 미국 남서 지역의 가뭄이 11년째 이어지고 있다거나, 미네소타 주가 2010년에 미국에서 토네이도가 가장 많이 발생한 곳이었다는 사실들도 그러한 대기 순환의 변화로서 모두 설명될 수 있다. 2010년 10월 26일에 미니애폴리스(Minneapolis) 지역은 기록적인 저기압도 경험했는데, 미네소타의 일기예보 TV 채널인 웨더네이션(WeatherNation)의 설립자이자 CEO인 폴 더글러스(Paul Douglas)는 국토를 횡단한 허리케인급 폭풍이라는 의미로 여기에 '랜디케인(landicane)'이라는 별명을 붙였다. 더글러스는 "우리 집 창문이 깨질 거라고 생각했다"고 회고한다. "나는 토네이도를 추적하고 허리케인 안으로 들어가보기도 했지만, 지금껏 이런 폭풍은 겪어본 적이 없습니다." 하지만 기후변화의 맥락에서는 이해가 된다고 덧붙인다. 그는 "매일같이, 매 주마다 퍼즐 조각이 하나씩 맞아간다"고 말한다. "더 많은 기상이변이 미국뿐만 아니라 유럽과 아시아에서 흔해진 것으로 보입니다."

### 기후원인분석 과학의 발달

인간에게 정말로 책임이 있을까? 이 질문은 해들리기후변화센터의 피터 스콧과 다른 과학자들이 개척하면서 급성장하고 있는 기후원인분석 분야가 다루는 영역이다. 이 분야는 기온이나 강수 데이터에서 전체 기후변화의 증거가 되는 경향을 찾는 학문이다. 이러한 경향이 존재한다면 기후변화가 기상이변 사건들에 얼마나 영향을 미치는지를 계산할 수 있다. 더 기술적인 용어로 표현한다면, 어떤 기온 또는 강수량의 발생 빈도는 대략적으로 종 모양의 정규분포 그래프 형태가 된다. 기후가 변하면 이 정규분포 그래프가 달라진다. 즉 종 모양 그래프의 끝단에 해당하는 낮은 빈도의 기상이변이 일어날 가능성이 더 높아진다. 반면 매일의 날씨는 매우 변덕스러워지며, 인간이 유발하는 기후변화로 인해 기상이변 사건의 강도와 횟수가 증가하게 된다. 국립해양대기관리처(NOAA)의 데케 아른트는 이를 더 다채롭게 설명한다. "날씨가 주먹질을 하는 것이라면, 기후는 권투선수를 훈련시키는 것입니다." 전반적 변화를 표로 만들면 지구온난화에 의해 기상이변 발생의 가능성이 증가하는 것을 계산할 수 있다.

　스콧은 이탈리아와 스위스로 신혼여행을 갔던 2003년에 유럽 역사상 최악의 폭염을 겪으며 이러한 생각을 떠올렸다. 그가 주목한 눈에 띄는 영향 중 하나는 스위스의 산들에서 익숙하고 아름다운 소 방울의 딸랑거림을 들을 수 없었다는 것이다. "산에는 물이 없었고, 농부들은 소들을 모두 계곡 아래로 데려가야 했습니다." 잉글랜드 엑서터(Exeter)에 있는 사무실로 돌아온 그는 이것이 기후변화 때문이라고 할 수 있는지 알아보기로 했다. 그는 "긍정적인 결론을 얻으리라고 예상하지는 않았다"고 말한다.

하지만 그렇게 되었다. 실제로 지구온난화의 신호는 유럽에서 꽤 분명했는데, 2000년의 데이터만 놓고 봐도 그러했다. 스콧과 그의 동료들은 《네이처》에 실린 한 획기적 논문에서, 기후변화 때문에 2003년 같은 폭염이 발생할 가능성이 두 배 이상 되었다고 결론 내렸다. (《사이언티픽 아메리칸》은 네이처퍼블리싱그룹 산하이다.) 그때 이후로 수집된 데이터를 보면, 그 가능성이 산업화 시대 이전에 비해 최소한 네 배로 높아졌음을 알 수 있다. 스콧은 "귀인 오류의* 위험을 아주 잘 인식하고 있다"고 말한

*어떤 원인을 과대평가하거나 과소평가하는 오류.

다. "실제로는 자연적 변동성 때문인 특정한 사건을 집어서 기후변화의 일부라고 말하고 싶지는 않습니다. 하지만 2003년의 폭염 같은 어떤 사건들은 기후변화 때문임을 뒷받침하는 확실한 증거가 있습니다."

## 사례 : 허리케인 카트리나

콜로라도 주 볼더에 있는 국립기상연구소(NCAR)의 기후분석 실장 케빈 트렌

버스는 지구온난화 요소를 분명히 가진 또 다른 사건이 바로 허리케인 카트리나였다고 말한다. 트렌버스는 전반적인 지구의 온난화, 대기 중 수분 증가, 해수면 수온 상승이 조합되어 카트리나의 강수량 중 4~6퍼센트, 즉 2.5센티미터의 강수량이 지구온난화 때문에 추가되었다고 계산했다. "많지 않아 보일 수도 있지만, 컵의 물을 넘치게 만드는 마지막 한 방울이 될 수도 있습니다." 이는 한편으로는 매우 보수적인 계산이기도 하다. 그는 "수증기가 응결되면서 생기는 추가적인 열이 폭풍을 활발하게 만들 수 있고, 어느 지점에서는 폭풍이 생기게 할 수도 있다"고 말한다. "이 현상은 내슈빌에도 분명히 해당될 것입니다." 그는 기후변화가 카트리나에 미친 영향이 많게는 두 배가 되었을 수도 있다고 말한다. 더 빠른 바람에 더 많은 에너지가 실려 폭풍이 얼마나 더 파괴적이 될 수 있는지를 이해하기 쉬울 것이다.

이 기후원인분석 학문에 대해 논쟁이 없지는 않다. 또 다른 사례로서, 2010년 러시아의 폭염으로 러시아 전체 밀 수확량의 4분의 1이 피해를 입었고 모스크바의 하늘은 화재 연기로 뒤덮였다. 실제 기상학적 원인에는 의심의 여지가 없다. 역시 볼더에 있는 NOAA의 지구시스템연구소(Earth System Research Laboratory) 연구기상학자 마틴 횔링(Martin Hoerling)은 "대기 순환이 차단되었다"고 설명한다. "제트기류가 북쪽으로 이동해서 고기압과 침체된 기상 조건이 더 오래 나타났습니다." 하지만 무엇이 이러한 차단을 유발했을까? 횔링은 스콧이 2003년의 유럽 폭염에서 발견한 것과 같이 서부 러시아 폭염의 가능성을 높이는 배경이 되었을지도 모르는 장기간의 기온 추세를 찾아보았다.

하지만 아무것도 발견하지 못했다. 그는 "갑자기 발생한 단발성이고 극단적인 현상이라는 것이 최선의 설명"이라고 말한다.

NCAR의 트렌버스는 그렇지 않다고 보고한다. 그는 덥고 건조한 지중해의 기후가 서부 러시아로 확장된 것이 분명하고 이는 기후변화 예측과 일치하며, 이로써 파키스탄의 몬순(monsoon), 즉 계절풍도 더 강해졌다고 본다. 트렌버스는 "마틴에게 전적으로 반대한다. 그리고 그가 폭염의 원인을 기후변화로 돌릴 수 없다고 말한다고 해도 소용이 없다"고 말한다. "우리가 말할 수 있는 것은 카트리나의 경우 지구온난화가 없이는 그와 동일하게 나타나지 않았을 것이라는 점입니다."

하지만 이 논쟁은 처음 생겼을 때보다는 약해졌다. 의심의 여지가 없는 부분은 러시아의 폭염이 하나의 전조이며, 기후 모델이 예측하는 미래의 본보기라는 것이다. 휠링조차 이 기상이변을 앞으로 닥쳐올 자연재해의 예고편이라고 본다. 그는 2080년까지 그러한 기상이변이 평균 5년마다 한 번씩 발생하리라 예상한다. "이는 적절한 경고 신호입니다. 이러한 현상은 매우 더 흔해질 것입니다."

# 2-4 기후변화의 영향 예측 및 대처

존 캐리

기상이변 사건은 더 흔해지면서 더 강해지고 있다. 그리고 과학자들은 기후를 변화시킨 인간에게 적어도 부분적인 책임이 있다고 말할 수 있게 되었다. 더욱이 기상이변에서 기후변화의 증거 흔적을 찾는 기후원인분석이라는 초창기 학문이 성공적으로 성장하고 있다는 것은, 연구자들이 미래에는 기상이변이 더 많아질 것이라는 기후 모델의 예측을 더 확신한다는 뜻이다.

이러한 미래를 위해 준비가 되어 있는가? 아직 아니다. 실제로는 다른 방향의 동향이 나타나고 있는데, 특히 워싱턴D.C.에서는 여러 의원들이 기후변화가 일어난다는 자체가 조작이라고 주장하고 있다.

과학자들은 기후변화가 개별적인 기상이변에 일조한다는 점을 엄격히 확인함으로써 정말로 사람들이 위협을 깨닫기를 희망한다. 연구자들이 더 많은 성과를 거둔다면 미 중서부 지역의 폭풍에서 온실가스 때문에 강우량이 5센티미터 늘었다거나, 인간이 기후에 미치는 영향으로 캘리포니아에 폭염이 발생할 가능성이 열 배 더 높아졌다는 식으로 말할 수 있을 것이다. 연구자들은 기후변화가 기상이변 사건에 미치는 영향을 평가하기 위한 신속대응팀을 마련했지만, 일반인들의 생각에는 기상이변이 아직 새로운 일이다. 또한 정부간 기후변화위원회(Intergovernmental Panel on Climate Change, IPCC)는 기상이변 및 재난에 관한 특별 보고서를 준비하고 있으며, 2011년에 발표될 예정이다. IPCC 의장 라젠드라 파차우리(Rajendra Pachauri)는 2010년 12월에 칸쿤(Cancún)에서 열린 UN 기후회의 브리핑에서, "기후변화와 그 영향을 나중이 아니라 지금 당장부터 약화시켜야 한다는 점을 강조하고자 한다"고 설명했다.

이 메시지는 이해되기 시작하고 있다. 한 예로 러시아 정부는 기후변화가 있다는 사실을 의심하거나, 기후변화가 러시아에는 이득이 될 수도 있다고 주장하곤 했다. 하지만 이제 러시아 정부 당국은 지구온난화가 점진적이고 부드러운 기온 상승을 유발하지 않으리라는 것을 깨달았다. 그리고 그 대신 더 심한 폭염이 있으리라고 전망하는 것 같다. 러시아 대통령 드미트리 메드베데프는 러시아연방안보위원회(Security Council of the Russian Federation)에서 이렇게 말했다. "이제는 모두가 기후변화를 이야기합니다. 불행하게도, 러시아 중부 지역에서 발생하고 있는 일은 이러한 세계적 기후변화의 증거인데, 왜냐하면 역사상 그러한 기상 조건에 직면한 적이 없기 때문입니다."

### 증거가 있지만 의심은 여전

미국의 대중은 그와 다르게 느낀다. 여론조사와 경험적 보고에 따르면, 미국인 대부분은 기후변화의 위협을 인식하지 않는 것 같다. 그리고 새로 당선된 의원 여러 명을 포함한 상당수의 미국인들은 기후변화가 존재한다는 것조차 믿지 않는다. 기상이변? 그것은 자연의 일부라고 말한다. 어쨌든 처참한 홍수와 가뭄은 노아와 모세 시대부터 있었으니 말이다. 오늘날의 재난이라고 뭐가 다르겠는가? 예컨대 2010년 7월 23일에 레 스콧이 목격한, 기록적인 우박을 뿌린 폭풍이 기후가 바뀌고 있다는 증거인가? 스콧은 "그렇지 않다"고 말한다. "또 하나의 뇌우였을 뿐입니다. 끔찍하게 나쁜 폭풍우를 엄청나게 심하게 겪은 것입니다."

그렇다. 그리고 메릴랜드에서 2010년에 기록적인 폭염과 가뭄이 있은 후 그 주의 23개 카운티 중 22곳이 자연 재난 지역으로 선포되었다. 4세대 농부인 얼 '버디' 핸스는 "옥수수 작황이 겪어본 중에 최악이었다"고 말한다. 하지만 이러한 재난이 더욱 걱정스러운 미래의 전조였을까? 핸스는 아마도 아닐 것이라고 말한다. "농부로서 우리는 그 점에 회의적이고, 좀 더 많은 증거가 필요하다고 봅니다. 그리고 만약 그것이 기후변화라고 판명된다면 농부들은 그에 적응할 것입니다." 미네소타 주의 유기농 농부인 잭 헤딘은 그때가 되면 그러한 적응이 정말 어려울 수도 있다며 초조해하고, 이를 경고하기 위한 노력이 "쇠귀에 경 읽기"라면서 안타까워한다.

많은 과학자는 헤딘의 우려에 공감한다. 로렌스버클리국립연구소(Lawrence Berkeley National Laboratory)의 실무 연구원이자 미국의 부처 간 합동 프로그램인 기후변화과학프로그램(Climate Change Science Program)의 기상이변에 관한 종합 및 분석 보고서 주 저자 팀의 일원인 마이클 웨너(Michael Wehner)는 "사실을 솔직히 말하면, 기후변화가 얼마나 많은 기상이변을 유발하는지에 관해서는 의견이 분분하지만 기후변화가 미래에 미치는 영향에 대해서는 논쟁이 거의 없다"고 말한다. 한 예로 컬럼비아대학교 라몽-도헤르티 지구관측소의 리처드 시거는, 기후 모델에 따르면 2050년이 될 때까지 러시아가 따뜻해져서 그때는 매해 여름이 이번에 겪은 극심한 폭염 정도로 더워질 것이라고 예측한다. 달리 말하면 현재의 기상이변 중 많은 정도는 앞으로 일상의 현실이 될 것이라는 뜻이다. 콜로라도 볼더에 있는 지구시스템연구소 해양대기관리처(Oceanic and Atmospheric Administration)의 연구기상학자 마틴 휠링은 "기후변화는 우리에게 위기를 초래할 것"이라고 말한다. "우리가 적응하지 못하는 놀라운 일들이 많을 겁니다."

## 어두운 미래

이러한 미래의 가장 분명한 그림 중 하나는 미국 남서부와, 이탈리아와 그리스 및 터키에 이르는 그와 비슷한 기상 지역에서 나타나고 있다. 스크립스해양연구소(Scripps Institution of Oceanography)의 팀 바넷(Tim Barnett)의 주도 아래 연구에 임한 시거와 다른 연구자들은, 이들 지역이 더 더워지고 건조해질 것이라고 예측한다. 그리고 더 중요한 점은 이러한 변화가 이미 시작되었다는 것이다. 바넷은 "인간이 기후에 미치는 영향의 신호는 1985년에 나타났으며, 그 뒤로는 점점 더 강력해지고 있다"고 말한다. 모델의 예측에 따르면, 21세기 중반이 되면 1930년대에 더스트볼(Dust Bowl)에* 닥친 7년간의 가뭄이나 1950년대에 캘리포니아와 멕시코를 중심으로 피해를 입힌 가뭄

*북미 대륙에서 모래바람이 자주 생기는 로키 산맥 동쪽의 분지 지역.

과 같은 정도로 기후가 건조해질 것이다. "미래에는 가뭄이 7년 만에 끝나지 않을 겁니다. 새로운 표준이 생길 겁니다."

언젠가는 문제가 될 것이다. 미국 남서부 지역에서는 물이 주된 걱정이다. 물 덕분에 로스앤젤레스와 라스베이거스 같은 도시들이 유지될 수 있고, 캘리포니아 센트럴밸리의 생산성 있는 거대한 농장들에 관개가 이루어진다. 용수 공급은 이미 빠듯하다. 3,000만 명에게 용수를 공급하고 400만 에이커(160만 헥타르)의 농경지에 물을 대는 광대한 콜로라도 강(Colorado River) 인근의 수 자원 수요는 지금껏 11년간의 건조기 동안 이미 공급을 초과했다. 결국 2011년 10월에 거대한 미드 호(Lake Mead) 급수장의 수위가 기록적으로 낮아졌다. (그 후에 캘리포니아에 퍼붓는 듯한 겨울비가 내리면서 콜로라도 강의 수요가 줄어 수위가 30센티미터 다시 높아지기는 했지만 말이다.) 기후변화는 문제를 더욱 악화시킬 것이다. 미국 내무부의 국토개발국(Bureau of Reclamation) 로어콜로라도 지역(Lower Colorado Region)실 차장 테리 펄프(Terry Fulp)는 "난관이 엄청날 것"이라고 말한다. "기후변화가 아마도 가장 큰 걱정입니다. 미드 호에 보트를 타고 나가보면 그 생각이 멈추질 않습니다."

미국 남서부 지역은 앞으로 다가올 난관의 예고편일 뿐이다. 과학자들은 세계 각 지역들에 대한 잠재적 위험을 상상해보라고 말한다. 스크립스연구소의 바넷은 "우리의 문명은 안정적인 기본 기후를 바탕으로 하며, 지옥문이 열리는 데는 많은 변화가 필요하지 않다"고 말한다. 그리고 이미 대기 중에 배출되고 있는 온실가스에 대한 대응이 늦어지는 가운데 이 변화 중 많은 부분은 우리가 원하든 원치 않든 앞으로의 날씨가 될 것이다. 바넷은 이렇게 말한다. "이는 마치 쿵후 무사가 '나는 너의 머리를 찰 건데 너는 할 수 있는 일이 하나도 없어'라고 말한 것과도 같습니다."

## 일반인들의 행동

워싱턴에서는 현재 기후변화와 싸우려는 노력들이 멈춘 상태지만, 많은 지역에서는 위협을 인식하고 있으며 미래에 적응하고 지구온난화 자체의 수준을 제한하기 위한 모든 행동을 취하고 있다. 예컨대 국토개발국의 로어콜로라도지역실은 강이 공급하는 물의 양을 "관리 가능할 정도로" 줄이는 계획을 세웠다. 펄프는 이를 통해 앞으로 15년간 이 지역에서 물을 충분히 얻을 수 있기를 희망한다. 캐나다에서는 1986~2006년 8회에 걸쳐 강력한 폭풍을 겪었고 그중 둘 이상은 25년 주기의 강도였는데, 그러한 일이 있은 후 토론토는 폭우를 통제하기 위해 하수 및 빗물 처리 시스템을 업그레이드하는 데 수억 달러를 들였다. 토론토의 치수시설 관리국장 미카엘 단드레아(Michael D'Andrea)는 "폭우 배출 개선은 우리의 기후 적응 정책의 주춧돌"이라고 설명한다.

아이오와에서는 기후변화가 현실이라는 것을 인정하지 않으면서도, 농부들이 그렇다고 가정하고 행동하고 있으며 농업 실무를 바꾸는 데 수백만 달러를 투자하고 있다. 에임스에 있는 아이오와주립대학교 기상학 교수 진 태클은 농부들이 늘어나는 홍수에 대처하기 위해 밭에 암거배수(暗渠排水)* 시스템을 추가하고, 곡식을 심을 수 있는 기간이 더 짧아졌기 때문에 더 빠르게 움직이는 더 큰 농기계를 구매하고, 50년 전에 비해 한 달 일찍 곡식

*작은 구멍들이 뚫린 배수관을 지하에 묻어 배수하는 방법.

을 심고, 수분을 더 활용하기 위해 단위면적당 최대 두 배 많은 옥수수나무 씨를 뿌리고 있다고 말한다. "아이오와의 홍수는 기후가 바뀌었고 농부들이 그에 적응하고 있다는 직접적인, 그리고 근본적인 증거"라고 말한다.

지역 당국도 그 관련성을 인지했다. 2008년의 대홍수 이후 아이오와 주 시더폴스(Cedar Falls)에서는 500년 규모의 홍수 침수 지대에 거주하는 모든 사람이 홍수 보험에 가입해야 한다고 요구하는 법령을 통과시켰는데, 이전에는 200년 규모의 홍수 침수 지대가 그 대상이었으나 기준을 완화한 것이다. 아이오와 주 상원의원 로버트 호그(Robert Hogg)는 주 전체에서 이 정책을 시행하기를 원한다. 그는 또한 범람한 물이 도시를 파괴하기 전에 흡수하는 데 도움이 될 수 있는 습지 복구를 추진하고 있다. 그는 "습지 복구에는 돈이 들지만, 시더래피즈를 재건하는 것보다는 저렴하다"고 말한다. "기후변화에 대처하려면 가장 큰 희생이 필요한 것이 아니라 미국 역사상 가장 큰 선견지명이 필요할 것이라고 말하고 싶습니다."

많은 과학자는 현재 그 선견지명이 더 근시안적이라고 우려한다. 그러면 더 많은 행동이 필요하다는 것을 사람들은 언제, 그리고 어떻게 마침내 이해하게 될까? 더 많은 지하층이 물에 잠기고, 더 심한 폭염이 덮치고, 물 부족이나 흉작을 더 겪고, 더 자주 끔찍한 허리케인을 겪고, 아니면 기후변화가 초래하는 기상이변에서 비롯되는 그 밖의 일들을 겪어야 할지도 모른다. 익명을 요청한 한 정부 소속 과학자는 "나쁜 일이 벌어지기를 응원하고 싶지는 않지만, 그런 일이 벌어질 것"이라고 말한다. 혹은 내슈빌 주민인 리치 헤이스가

2010년 5월의 폭우에 관해 말한 다음과 같은 경험담처럼 될 것이다. "홍수는 분명한 경고입니다. 문제는 얼마나 많은 경고가 필요한가 하는 겁니다."

# 3

빙하

# 3-1 그린란드의 빙하는 흐르고 흘러

데이비드 비엘로

최근 그린란드 내륙에서 바다로 흘러 들어가는 거대한 빙하들의 이동 속도가 빨라지고 있다. 지난 몇 년간 많은 얼음이 북쪽의 광대한 땅에서 흘러나와 콜로라도 강의 평균 수량을 6년간 유지했는데, 이는 미드 호를 세 번 채우거나 메릴랜드 주가 완전히 평평하다고 가정할 때 주 전체를 수심 3미터의 물로 채울 정도의 양이다. 그리고 빙하의 무게나 속도 또는 부피가 얼마로 측정되었든 그 움직임이 빨라졌음을 파악할 수 있다. 사이언스(Science)가 온라인에 발표한 한 논문에 따르면, 실제로 최근의 중력 기반 측정값을 보면 2003~2005년에 연간 약 1,010억 톤의 얼음이 사라졌다고 한다.

NASA 고다드우주비행센터(Goddard Space Flight Center)의 지구물리학자 스콧 루트케(Scott Luthcke)와 빙하학자 제이 즈왈리(Jay Zwally), 그리고 몇몇의 동료는 GRACE(Gravity Recovery and Climate Experiment, 중력 회복 및 기후 연구) 쌍둥이 위성에서 새로운 질량 측정을 분석했다. 극궤도에 있는 이 쌍둥이 위성은 약 200킬로미터 떨어져 있으면서 서로의 거리를 지속적으로 모니터링한다. 평지와 대비된 산처럼 지구에서 서로 다른 질량 상공을 통과하면 산의 인력 때문에 선도 위성의 속도가 빨라져서 두 위성 사이의 거리가 늘어난다. 후미 위성은 같은 지형 상공을 통과할 때만 선도 위성을 따라잡는다. 과학자들은 이 거리의 변화를 측정함으로써 지구 표면의 질량 집중도에 관한 그림을 그려낼 수 있다. 루트케는 "그린란드에서 열흘에 한 번씩 이 측정을 할수 있었다"고 설명한다. "내륙에서 질량이 성장하는 것보다 훨씬 더 많은 양의질량이 사라지고 있음을 확인했습니다."

　루트케 팀은 그린란드에만 측정 작업을 집중한 데 비해 이전의 연구들은전 세계 측정값을 이용해서 이를 그린란드에 적용했고, 넓은 땅의 개별 배수시스템에 이르기까지 이 값들을 조정할 수 있었다. 기존의 결과들과 완벽히일치하는 이번의 새로운 GRACE 측정 결과에서, 2006년 현재 (세계에서 가장빠르게 움직이는 빙하 중 하나인 캉거드룩수악Kangerdlugssuaq을 포함한) 세 개의빙하계(glacial system)가 동일하게 바다를 향해 흐르고 있음이 드러났다. 즈왈리는 "이들 빙하의 속도가 빨라지고 있다"고 말한다. "현재 매년 강설량에 비해 20퍼센트 이상이 더 흘러나와서 사라지고 있습니다."

　이 추세를 확인하려면 더 많은 데이터가 필요하고, 앞으로 몇 개월 후(2007년 중) GRACE 관측 3년차 결과가 나올 것이다. 하지만 해빙이 이루어지고 있다는 신호는 분명하다. 즈왈리는 "단기간에 큰 변화가 있었다"고 말한다. "그린란드에 닥친 기후 온난화의 영향을 목격하고 있다고 봅니다." 그리고 상실되는 빙하의 양에 대한 다양한 추산치들이 상충되기는 하지만, 전반적인 의견 일치는 이루어졌다. NASA 제트추진연구소(Jet Propulsion Laboratory)의 빙하학자 에릭 리그노(Eric Rignot)는 "이 연구와 다른 연구자들이 발표한 기타GRACE 연구들은 모두 그린란드에서 상당량의 빙하가 바다로 흘러가서 감소한다는 데 의견이 일치한다"고 설명한다. "모든 연구 결론은 수치 모델에 의한 예측이 아닌 실제 측정값이고, 그린란드가 해수면 상승에 일조하리라는 모든 예측은 현실에 못 미칩니다."

또한 즈왈리는 (특정한 빙하의 부피를 레이저 고도계로 정확히 측정해서 이 문제를 분석하는) 또 다른 위성 아이스샛(ICESat)에서 수집된 예비 데이터도 같은 결과를 보여준다고 설명한다. 그는 "변화는 우리가 예견한 것보다 더 빠르게 이루어지고 있다"고 덧붙인다. 기후변화의 영향은 북부 빙하의 이동 속도가 빨라지는 모습으로 예상보다 일찍 나타나고 있다.

# 3-2 히말라야 빙하 해빙의 장본인이 매연일까?

데이비드 카스텔베치

샌프란시스코 — 히말라야 산 지역은 10년에 섭씨 약 0.5도씩 더워지는 세계적 추세에 비해 3~5배 빠르게 더워지면서, 그 지역의 빙하 중 많은 부분이 급속히 녹고 있다. 그렇지만 온실가스만으로는 이 온난화를 설명할 수 없는데, 몇 가지 새로운 연구에서는 오랜 오염물질을 지목하고 있다. 바로 매연이다.

두꺼운 매연층이 인도 대부분을 덮고 있는데, 이 매연의 일부는 통상 나무를 땔감으로 쓰는 수백만 개의 소형 조리용 화로에서 비롯된다. 블랙카본(black carbon)이라고도 하는 매연은 불완전연소로 생기는 1마이크론 미만 크기의 입자들로 구성된다. (1마이크론은 100만 분의 1미터이다.) 세계적으로 산불이나 발전소 같은 오염원에서 생기는 매연이 기후에 큰 영향을 미친다고 여겨진다. 미세입자들이 공기 중에 머물면 햇빛을 흡수하여 대기를 온난화하는데 일조하며, 구름 형성과 강수에도 영향을 미친다. 하지만 매연은 결국 땅으로 떨어지기도 한다. 매연이 눈 위에 떨어지면 그 색이 크게 어두워질 수 있고, 그러면 빙하가 햇빛을 더 많이 흡수해서 더워진다.

메릴랜드 주 그린벨트(Greenbelt)에 있는 NASA 고다드우주비행센터의 텟페이 야스나리(Teppei Yasunari)와 그의 동료들은 네팔의 국제 대기 관측소에서 얻은 데이터를 이용해 대표적인 히말라야 빙하에 낙하하는 매연의 양을 추산했다. 미국지구물리학회(American Geophysical Union, AGU) 회의에서 야스나리는 자신의 팀이 컴퓨터 시뮬레이션을 해본 바에 따르면 매연으로 빙하의 빛반사도(햇빛을 반사하는 백색도 수치)가 1.6~4.1퍼센트 감소될 수 있으며, 그 결과로 빙하의 열이 많아져서 연간 해빙량이 최대 24퍼센트 늘어날 수 있다는 계산이 나왔다고 보고했다. 야스나리는 자신의 팀이 빛반사도 감소를 추산할 때 보수적인 가정을 했으며, 다른 잠재적 주요 요소들은 무시했다고 말했다. "먼지 퇴적, 눈조류*, 난류가 빙하를 더 감소시킬 수 있습니다."

*눈에서 사는 녹조류의 일종.

또한 AGU 회의에서 야스나리의 고다드 동료이자 공저자인 윌리엄 류(William Lau)는 별도의 연구를 통해 다음과 같은 결과를 발표했다. 즉 인도의 대기 온도를 높이는 매연으로 '열 펌프(heat pump)' 효과가 나타나 히말라야 산맥으로 상승하는 난류가 빙하를 녹이는 효과가 가속될 수 있다는 것이다.

매연은 이미 극지의 만년설이 녹는 현상의 원인이었고, 인도 상공의 대기 가열은 캘리포니아대학교 샌디에이고캠퍼스의 스크립스해양연구소에 근무하는 비랍하드란 라마나탄(Veerabhadran Ramanathan)과 그의 동료들이 2007년에 직접 측정했다. 이 연구의 연구자들도 기후 시뮬레이션을 통해 매연이 산악 지방의 빙하가 녹는 데 일조할 수 있음을 보였다. 회의에서 발언한 라마나탄은, 야스나리와 그의 동료들이 수행한 연구에 더 상세한 실제 빙하의 국지적 모델이 담겼다고 말한다. "모두가 퍼즐의 다른 조각들을 살펴보고 있습니다."

라마나탄은 또한 이미 대기 중에 존재하는 온실가스는 앞으로 수십 년에 걸친 지구의 온난화에 기여하는데, 블랙카본 같은 온난화 물질에서 다행인 점은 이들 물질이 대기 중에 몇 주 이상은 머물지 않는 것이라고 말한다. 이를 완화하려는 노력은 빠른 결과를 얻을 수 있다. 실제로 라마나탄은 인도 시골 마을에 염가의 저공해 조리용 화로를 도입하기 위한 시범 프로젝트를 주도하고 있다. 이 프로젝트에서는 연소 효율이 높아서 블랙카본 잔여물이 덜 생기는 목재 화로, 쓰레기에서 나오는 천연가스를 태우는 화로, 태양열 화로의 세 가지 방식을 시험하고 있다. 새 화로는 기후변화를 완화할 뿐만 아니라 가정들을 더 안전하게 하는 효과도 있을 것이다. 라마나탄은 실내 조리 때문에 인도에서만 매년 200만 명이 사망한다고 말했다.

투손(Tucson)에 있는 애리조나대학교의 제프리 카젤(Jeffrey Kargel)은 기자 회견에서, 매연은 빙하 해빙 이야기에 "새로운 주름살을 하나 늘리는" 역할을 하지만 기후변화의 큰 그림에서 주된 범인은 여전히 $CO_2$ 같은 가스라고 말했다. 그는 "가장 지배적인 요인에 주목하려고 하는데, 그게 바로 온실가스"라고 말했다.

# 3-3 남극 해빙 목격담

더글러스 폭스

1995년에 아르헨티나 군인 열 명은 다른 사람들이 본 적 없는 대격변을 목격했으며, 그 사건은 기후변화에 대한 우리의 인식을 바꾸는 계기가 되었다.

　이들 군인은 마티엔소(Matienzo) 기지에 주둔했는데, 그곳은 화산암이 바다로 뾰족하게 튀어나온 길쭉한 능선 모양의 섬에 철제 막사들이 모여 있는 적막한 곳으로서, 남극대륙 해안에서 50킬로미터 떨어져 있었다. 이 섬은 맨해튼보다 25배 넓은 1,500제곱킬로미터 면적의 빙하 표면으로 둘러싸여 있었다. 이 빙붕(ice shelf)은* 바다 위에 떠 있었지만 200미터 두께에 암반만큼 견고했다. 그렇지만 후안 페드로 브뤼크너(Juan Pedro Brückner) 대위는

*육지의 빙하가 바다로 흘러와 평평하게 얼어붙은 빙산.

무언가 잘못되었다고 느꼈다. 해빙수 때문에 빙하 곳곳에 연못이 생겼다. 그는 갈라지는 균열들 사이로 물이 콸콸 흘러내리는 소리를 들을 수 있었다. 브뤼크너의 대원들은 마치 지하철이 침대 밑을 지나는 것처럼 극심한 격변이 일어나는 소리를 밤낮으로 들었다. 이러한 우르릉 소리는 점점 더 잦아졌다.

　그러던 어느 날, 대원들이 막사에서 점심을 먹고 있을 때 큰 폭음이 들렸다. 브뤼크너는 "화산이 폭발하는 것처럼 재앙에 가까운 큰 소리였다"고 회고한다. 그들은 밖으로 달려 나갔다. 작은 섬 주위를 감싸고 있는 빙붕이 떨어져 나가고 있었다. 이 움직임은 아주 격렬해서, 그들은 갈라지는 빙하가 섬의 뿌

리를 깨뜨려서 섬이 통나무처럼 바다로 떠내려갈까 겁이 날 정도였다. 그들은 땅이 기울면 알 수 있도록 지면에 계측 기구를 설치했다. 긴장 가운데 며칠을 보낸 뒤 대원들은 헬기로 200킬로미터 북쪽에 있는 다른 기지로 철수했다. 섬은 그대로 있었지만, 지도는 영원히 바뀌었다.

브뤼크너와 그의 대원들은 라르센 A(Larsen A) 빙붕의 붕괴라는 대사건을 목격한 것이었다. 전반적으로 더운 여름이 남미 끝단에서 남극반도의 북쪽 끝 단까지 더 내려가면서, 라르센 A를 비롯해 반도의 동쪽에 있던 네 개의 빙붕 이 반도의 북쪽 끝에서부터 남극 본토 쪽으로 번개 모양으로 붕괴되었다.

빙붕이 사라지자 해안의 피오르(fjord)들에서\*

*빙하로 만들어진 좁고 깊 은 만.

빙붕 뒤에 쌓여 있던 높은 빙하들이 바다로 미끄러 져 들어갔다. 그리고 빙하들이 바다로 미끄러져 들 어가면서 바다의 부피가 상당히 늘었다. 과학자들은 빙붕이 왜 분해되고 앞 으로 언제 그런 일이 일어날지를 아직 모르며, 빙하가 얼마나 빠르게 바다로 빠질지, 그래서 해수면이 얼마나 많이 상승할지를 추산하려 노력하고 있다. IPCC가 2007년에 발표한 또 다른 획기적 논문에서는 2100년까지 해수면이 18~59센티미터만 상승할 것이라고 추산했지만, 빙하학자들은 갈수록 빨라 지는 기후변화로 빙하 해빙이 10배 가속되어 해수면이 예상보다 훨씬 더 높 아질 수도 있다고 우려한다. 빙붕의 붕괴는 그러한 피드백 효과를 발생시킬지 도 모른다.

콜로라도 주 볼더에 있는 국립빙설자료센터(National Snow and Ice Data

Center)의 빙하학자 시어도어 스캠보스(Theodore Scambos)는, 남극반도가 남극대륙의 얼음 중 적은 부분만을 가지고 있긴 해도 "자연적 실험실"이라고 말한다. "이곳에서 일어나는 일은 앞으로 50~100년 동안 남극의 나머지 부분에서 펼쳐질 일의 예고편입니다."

이 자연적 실험의 현황을 이해하는 것이 시급하다. 과학자들은 미래의 해수면 상승을 더 잘 추산하기 위해서 빙붕이 얼마나 빠르게 붕괴되는지, 그리고 빙붕 붕괴를 유발하는 원인이 무엇인지 알아내려고 노력 중이다. 매사추세츠대학교 애머스트캠퍼스의 대륙빙하 모델러인 로버트 데콘토(Robert DeConto)는 "이번에도 시간과 모델을 보수적으로 가정하여 변화의 규모를 파악하고 있다"고 말한다. "데이터가 나오기를 팔짱 끼고 기다리는 중입니다." 최근 얼음 대륙으로 탐험을 떠난 연구자들에 의해 설치된 계측기들이 과학자들에게 필요한 정보를 제공하고 있는데, 이 데이터를 바탕으로 하는 최근의 예측 내용은 걱정스럽다.

## UK211 빙산의 강한 반사

남극 빙붕이 사라진 것은 약 25년 전 처음 기록되었다. 라르센 A 북쪽에 면적이 350제곱킬로미터인 판 모양의 라르센 인렛(Larsen Inlet) 빙붕은 1986년에 촬영된 위성사진에 나왔지만, 1988년 사진에서는 그 대부분이 사라졌다. 이 빙붕이 어떻게 사라졌는지는 아무도 몰랐다.

남반구의 1995년 여름에서 약간의 이해력이 생겼다. 2012년 현재 악명 높은 붕괴가 진행 중인 라르센 A와 마찬가지로, 60킬로미터 북쪽에 있는 프린스 구스타프(Prince Gustav) 빙붕도 사라졌다. 스캠보스는 "이 붕괴는 매우 놀라웠다"고 말한다. 그는 영국남극자연환경연구소(British Antarctic Survey)의 과학자들과 함께 위성을 통해 남극대륙의 빙붕들을 여러 해 동안 꾸준히 모니터링해오고 있었다. 이러한 붕괴는 이 지역 전체에 영향을 미쳤다. 프린스 구스타프가 사라지기 전에 찍은 공중 촬영 사진 속 쇼그렌(Sjögren) 빙하는 본토에서 피오르 쪽으로 기울어진 부드러운 표면의 깃털 모양으로서, 빙붕과 바다 쪽으로 천천히 움직이고 있었다. 하지만 15년 후의 쇼그렌은 크레바스(crevasse)들로* 주름지고 가운데가 푹 들어간 애처로운 모습이었다. 프린스 구스타프 빙붕이 사

*빙하가 갈라진 틈.

라진 이후 쇼그렌은 이전보다 몇 배 더 빠르게 바다 쪽으로 흘러내렸다. 두께 600미터인 이 얼음의 밑부분은 바다를 향한 빙하 골짜기 밑에 늘어졌고, 빙하 표면에는 20미터 폭의 크레바스가 생겼다. 거대한 빙산에 의해 쇼그렌의 앞쪽 끝이 제멋대로 깨져버렸고, 이제는 앞쪽 끝이 피오르에서 15킬로미터 더 뒤에 있었다.

스캠보스는 "빙붕으로 흘러 내려가는 모든 빙하는 빙붕이 사라지면 갑자기 그 흐름이 빨라진다"고 말한다. "약간이 아니라 두 배, 세 배, 다섯 배, 최대 여덟 배가 빨라집니다."

일곱 번의 여름이 지난 2002년에는 라르센 A의 바로 남쪽에 있으며 맨해튼보다 55배 넓은 면적의 라르센 B가 고층건물 크기의 조각 수백 개로 분해

되었다. 부에노스아이레스에 있는 아르헨티나남극연구소(Argentine Antarctic Institute)의 빙하학자 페드로 스크바르카(Pedro Skvarca)는 바로 직후에 그 지역 상공을 비행했는데, "며칠 전만 해도 두께 300미터의 얼음이 있던 곳에서 고래가 헤엄치고 있었다"고 말한다. "꽤 놀랐습니다."

여기서도 바다에 떠 있던 얼음이 사라지면서 그 뒤에 안정되어 있던 빙하의 버팀대가 사라졌다. 그렇게 붕괴가 일어난 결과 150세제곱킬로미터 부피의 빙하가 육지에서 바다로 미끄러져 들어갔다. 그래서 지표면에 가해지던 큰 하중이 사라지자 지각이 말 그대로 밑에서부터 솟아오르고 있다. 라르센 B가 붕괴한 후 150킬로미터 서쪽에 있는 앙베르 섬(Anvers Island)의 기반암에 정밀한 GPS 계기를 설치했는데, 구조상 융기 현상이 연간 0.3센티미터에서 0.8센티미터로 거의 세 배가 된 것으로 나타났다.

상태가 좋은 빙붕에서는 큰 판 모양의 빙산이 떨어져 나가 '분리(calve)'되는 경향이 있었고, 때로는 그 조각의 크기가 로드아일랜드 주보다 더 컸다. 하지만 라르센 B는 아주 다른 형태로 분열되었다. MODIS(Moderate Resolution Imaging Spectroradiometer, 중해상도 이미지 분광복사계) 위성 계측기를 통해 35일에 걸쳐 얻은 일곱 개의 선명한 영상을 보면 폭 130미터, 깊이 160미터, 길이 1킬로미터 이상 모양의 빙산 수백 개로 분리되고 있었다. 테트리스 게임에서 떨어지는 가늘고 긴 블록처럼 생긴 이들 빙산이 빙붕의 가장자리에서 바다로 떨어져 나가면서 푸른 빙하의 단면이 드러났다. 연구자들은 이러한 분리 패턴을 전에는 본 적이 없었다. 빙붕들은 여태껏 알려진 적이 없는 어떤 방식으로 사라지고 있었다.

스캠보스와 스크바르카는 2006년 3월에 이 붕괴 방식을 파악해보기로 했다. 어둡고 추운 날, 아르헨티나 해군 헬기 한 대가 옆으로 불안하게 출렁이는 넓은 판 모양 빙산에 내렸다. 우유처럼 하얀 빙산 때문에 착각을 일으킨 조종사는 회전하는 로터가 위험할 정도로 밑으로 처졌음을 깨닫지 못했다. 스캠보스, 스크바르카, 그리고 다른 네 명의 과학자들은 급히 헬기에 올랐다. UK211이라는 이름의 이 빙산은 385킬로미터 남쪽의 라르센 C 빙붕에서 분리된 이후 3년간 생존했지만, 지금은 남극반도 북쪽의 따뜻한 기후 지역으로 표류하고 있다. 스캠보스와 다른 이들은 이 빙산을 빙붕 붕괴를 연구하기 위한 실험적 유사체로 이용하기를 희망한다.

이 팀은 AMIGOS(Automated Met-Ice Geophysics Observation Systems, 기상-빙하-지구물리 자동 관측장치)라고 하는 계측소를 설치했다. GPS가 빙산의 위치를 추적했고, 기상관측소는 바람과 기온을 측정했으며, 카메라는 표면의 눈이 녹는 상황을 기록했다. 카메라는 빙산에 꽂은 표시용 막대를 향해 설치해서, 눈이 녹으면서 그 높이가 얼마나 빠르게 낮아지는지를 파악할 수 있도록 했다. 또한 연구자들이 빙산의 끝단까지 2.2킬로미터에 걸쳐 설치한 막대들의 열을 향해 카메라를 비출 수도 있었다. 그 열이 휘어지기 시작한다면 빙산이 부드러워지고 휜다는 징후일 것이었다.

스캠보스와 스크바르카는 위성전화로 AMIGOS와 통신하면서 UK211을 8개월간 추적했다. 원래 10×12킬로미터 크기였던 이 빙산은 천천히 반으로 줄었다. 그 후 2006년 11월 23일에 AMIGOS는 마지막으로 기지와 통신을 했다. 그리고 며칠 뒤 UK211은 사라졌고, AMIGOS는 바다 밑으로 가라앉았다.

　UK211은 많은 변화를 겪었지만, 갑자기 종말을 맞기 직전에는 눈이 녹으면서 빙산의 표면이 물이 가득한 진창으로 변했다. 스캠보스는 눈 녹은 물이 빙산의 내부로 스며들어서 빙산이 불안정해졌을 것이라고 추정한다. 하지만 이 실험에서는 붕괴의 순간은 볼 수 없었고 그 서막만을 확인했다. 그리고 UK211이 빙붕이 아닌 자유롭게 표류하던 빙산이었기 때문에, 스캠보스는 빙하가 어느 정도 공급되어야 빙산에 반응이 일어나는지는 파악할 수 없었다.

### 발이 묶인 빙하학자들의 돌파구 개척

스캠보스는 이러한 질문들의 답을 찾기 위해 2010년에 스카 인렛(Scar Inlet) 빙붕이라고 하는 라르센 B의 나머지 부분에 대한 어렵지만 중요한 원정에 합류했다. 지구관측위성인 아이스샛에 탑재된 레이더 고도계가 빙하 표면의 높이가 낮아지는 것을 측정해서 라르센 B와 스카 인렛에 공급되는 빙하가 얇아지는 현상을 기록했지만, 고도 측정은 그해 초 흐지부지되었다. 다른 위성에 탑재된 간섭계 합성 개구 레이더(Interferometric Synthetic Arerture Radar)를* 통해 스카 인렛 같은 빙붕 뒤의 빙하가 얼마나 빠르게 바다로 흘러 나

*합성 개구 레이더의 위상차를 이용해서 대상 물체의 위치 정보 및 변위를 측정하는 방법.

가는지에 관한 장기적 평균값을 측정했지만, 이 기술은 빙하 급속이동(glacier

surge) 같은 순간적 사건은 포착할 수 없다. 2003년부터 GRACE 위성이 지구 중력의 변화로 얼음의 손실을 측정했지만, 수백 킬로미터 단위의 저해상도에 불과하다.

스캠보스는 스카 인렛 빙붕이 몇 년 안에 붕괴하리라 예상했고, 대격변을 포착하기 위해 여러 가지 센서들을 표면에 설치하고자 했다. 그는 2010년에 미국의 남극 프로그램에 투입된 600톤급 쇄빙선 나다니엘 팔머(Nathaniel B. Palmer) 호에서 필자와 함께 선상에 앉아서 "이 과정을 아주 처음부터, 위성에서 본 것보다 훨씬 더 자세히 보고 싶다"고 말했다. "끝에 이르러 큰 쇼를 보고 싶습니다."

2010년 1월과 2월의 57일간 팔머 호는 스카 인렛을 향해 남극반도를 따라 2미터 두께의 계절성 바다 얼음을 헤치고 나아갔다. 팔머 호에 승선한 스캠보스와 20여 명의 과학자들은 지식의 결정적 맹점을 채울 수 있을 정도로 가까이 다가가기를 바랐다. 하지만 그들은 원정 며칠 만에 문제에 봉착했다. 해류와 바람 때문에 두꺼운 바다 얼음이 반도 쪽으로 밀리는 바람에 팔머 호가 스카 인렛까지 헬리콥터로 쉽게 이동할 수 있는 거리에 도달하지 못한 것이다. 스캠보스는 1월 26일에 다른 네 명의 과학자들과 함께 영국 연구기지에 내렸고, 그중에는 알래스카대학교 페어뱅크스캠퍼스의 마틴 트루페(Martin Truffer)와 에린 페티트(Erin Pettit)가 포함되어 있었다. 그곳에서 쌍발 프로펠러기인 트윈오터(Twin Otter) 항공기로 1차 야전기지까지 갔다. 이 팀은 3주 동안 스카 인렛 빙붕과 그곳에 공급되는 빙하들 사이를 비행기로 건너다녔다.

연구자들은 눈보라가 가라앉은 날 스카 인렛과 플라스크(Flask) 빙하의 하단에 AMIGOS를 설치했다. (2013년에는 레퍼드Leppard 빙하의 하단에 또 다른 AMIGOS를 설치할 계획이다.) 플라스크와 레퍼드 빙하의 윗부분에는 더 단순한 기상 및 GPS 측정소를 설치했다. 스카 인렛을 내려다보는 해안 절벽에는 방향을 조종할 수 있는 카메라를 설치했다.

스캠보스의 팀원들은 스카 인렛 빙붕에서 예기치 못한 상황에 직면했다. 대원들이 캠프와 주변의 바닥을 파자 삽이 빈 공간으로 빠졌는데, 그곳은 얇은 눈 껍질에 가려진 얼음의 크레바스였다. 하루는 비행기 조종사가 또 다른 숨겨진 크레바스에 몸이 허리까지 빠졌다. 이들 균열은 더 두꺼운 눈 밑에 묻혀 있다가 더운 여름에 눈이 녹으면서 드러났다. 이는 아르헨티나군 브뤼크너 대위와 그 대원들이 라르센 A에 남아 있던 마지막 며칠 동안 목격한 바와 같았다.

조만간 어느 여름날 스카 인렛 빙붕은 치명적 한계점을 넘을 것이다. 해빙과 재동결이 반복해서 일어나면 표면이 단단해져서 큰 융해 연못(melt pond)이 생길 수 있다. 이들 연못의 물은 노출된 크레바스로 빠진다. 물이 크레바스에 차면 그 무게 때문에 (스캠보스의 말에 따르면 "쐐기처럼") 균열이 더 깊어져서 빙붕 바닥에까지 이르고, 길고 가는 테트리스 모양의 빙산이 떨어져 나가게 된다. 크레바스 하나가 파열되면 그 충격파로 가까이에 있는 다른 크레바스도 깨진다. 그러면 전체 빙붕이 불과 며칠 혹은 몇 시간 만에 분해될 것이다.

스캠보스는 스카 인렛이 이렇게 사라질 것이라고 예측한다. AMIGOS로 그 이론을 시험해볼 수 있을 것이다. 그들이 설치한 카메라는 융해 연못 형성, 크레바스 노출, 그리고 크레바스로의 연못 물 유출을 보여줄 것이다. 표시용 장대 선들을 촬영한 사진은 빙붕의 압력과 휘어짐을 보여줄 것이다. 능선에 설치한 카메라는 빙산이 분리되는 패턴을 기록할 것이다. 플라스크와 레퍼드에 설치한 AMIGOS는 빙하를 막고 있는 빙붕이 붕괴되면 그 뒤의 빙하 속도가 얼마나 빨라지는지 보여줄 것이다. 스캠보스는 각 빙하의 상류 쪽과 하류 쪽에 측정소를 설치해서 빙하 반응의 역학적 특징을 파악할 것이다. 즉 빙하의 밑단이 상단보다 일찍 가속되어 빙하의 길이가 늘어나고 얇아지며 쇼그렌 빙하가 그랬던 것처럼 크레바스 자국이 생겼다. 스캠보스는 스카 인렛 빙붕의 "가장자리가 흔들리고 있다"고 말한다.

### 돌, 데이터, 가위

바다의 빙붕이 사라진 남극반도의 빙하는 실제로 연간 5~10미터의 빠른 속도로 얇아지고 있다. 이 데이터는 지금은 존재하지 않는 아이스샛 위성, 그리고 최근에는 항공기를 통해 수집하는 레이저 고도 측정장치에서 얻어진다. 중요한 질문은 이 속도를 어떻게 1만 2,000년 전의 마지막 빙하기가 끝난 이후 점진적으로 얇아진 속도와 비교할 것인가, 그리고 최근의 빙하 붕괴가 정말로 전례 없는 수준인가 하는 것이다. 팔머 호에 승선했던 버클리지질연대학연구소(Berkeley Geochronology Center)의 지질학자 그레그 발코(Greg Balco)는 이 질문의 답을 알고 싶어 한다.

춥고 흐린 어느 아침, 헬기 한 대가 발코와 필자를 팔머 호에서 30킬로미터 서쪽에 있는 쇼그렌 빙하로 데려다주었다. 쇼그렌의 피오르는 프린스 구스타프 빙붕이 붕괴되기 직전인 1995년까지만 해도 600미터 두께의 얼음이 있었지만, 현재는 바닷물만 남아 있다.

헬기는 우리를 피오르 옆의 둥근 민둥산에 내려주었다. 회색과 흰색의 층이 진 정상의 기반암은 둥그스름하게 닳았고 비스듬하게 긁힌 자국이 있었다. 그 흉터는 수천 년 전에 더 젊고 두꺼운 쇼그렌 빙하가 이곳을 지나가면서 남긴 것이었다. 발코는 기반암이 "아름답게 빛났다"고 말했다. "마치 지난주에 퇴빙(deglaciation)이* 된 것 같았습니다." 도처에 돌들이 흩어져 있었는데 기반암과는 달랐다. 여기

*빙하가 녹아서 작아지는 것.

에는 갈색 화산암이, 저기에는 화강암이 있었다. 쇼그렌이 멀리서 끌고 온 이들 돌은 얼음이 녹으면서 지금의 자리에 남았다.

발코는 이 특이한 돌들을 이용해서 쇼그렌 빙하가 수천 년에 걸쳐 얼마나 빠르게 얇아졌는지를 파악해보려고 했다. 그는 위로 올라가면서 여러 높이에서 돌들을 주웠다. 집으로 돌아간 그는 우주선(cosmic ray)이 돌을 때릴 때 생기는 베릴륨-10이라고 하는 소량의 희귀 동위원소를 측정해서 그 돌들이 햇빛에 얼마나 오래 노출되었는지를 분석했다. 발코는 돌들이 산의 서로 다른 높이에서 얼마나 오래 햇빛을 받았는지를 측정함으로써 빙하가 얼마나 빠르게 얇아져서 산이 다시 노출되었는지를 계산할 수 있었다.

그 1년 후에 발코는 쇼그렌과 드리갈스키(Drygalski)라는 두 개의 빙하 주

변에서 수집한 돌을 분석했다. 그의 결론은 빙하가 지난 4,000년 동안 최소한 한 번 크게 쇠퇴했음을 시사했는데, 프린스 구스타프와 라르센 A 빙붕 모두가 최소한 한 번 붕괴되었음이 나타났다.

발코는 쇄빙선이 바다 얼음에 갇히는 바람에 라르센 B에는 가보지 못했지만, 2010년에 원정을 이끈 해양지질학자 유진 도마크(Eugene Domack)는 라르센 B 빙붕의 연령을 이미 추산했다. 해밀턴대학의 환경연구 교수 도마크는 이전의 여행에서 라르센 B 지역에 도달할 수 있었다. 그의 팀은 라르센 B가 붕괴할 때까지 덮고 있던 해저의 일부분에서 퇴적물에 3미터 깊이로 샘플 채취 구멍들을 뚫었다. 외해의 해저에서 채취한 코어(core)는* 죽어서 해저에 쌓이는 규조류(diatoms)라고** 하는 미세 식물 때문에 얼룩진 녹색을 띠는 경우가 많지만, 이 코어에는 아무것도 없었다. 빙하에 갈려서 생긴 고운 모래진흙의 여러 층들을 통해 라르센 B가 최소한 1만 1,000년 동안 이 지역을 가리고 있었음이 드러났다. 코어의 층들은 유공충(foraminifera)이라는*** 미생물이 남긴 껍질의 탄소-14 함량을 분석해서 연대가 파악되었다.

*지표에 수직으로 원통형 구멍을 뚫어서 채취하는 표본.
**조류(藻類)의 일종으로, 물에 떠다니면서 생존하는 갈색 계통의 단세포생물.
***물에 사는 단세포생물로서, 지질조사를 위한 표준 화석으로 쓰인다.

도마크의 코어는 깊게는 1만 1,000년 전까지 도달했다. 하지만 그는 라르센 B가 길게는 마지막 빙하기가 시작될 때인 10만 년 전에도 존재했을 수 있다고 말한다. 발코와 도마크의 결론을 합쳐보면 남극반도의 최북단 빙붕들이 최근에 생겼다가 사라졌음을 알 수 있다. 하지만 빙붕 붕괴의 사슬이 반도의 끝단에서 라르센 B와 스카 인렛을 향해 더 남쪽으로 이동하면서 이제는 역사 상 이례적으로 불길한 영역에 접어들고 있다.

## 내부 붕괴, 그리고 가속

팔머 호가 칠레의 푼타아레나스(Punta Arenas)에 있는 항구로 돌아오고 18개 월이 지난 후, 스캠보스는 위성을 통해 볼더에 있는 사무실로 들어오는 데이 터를 재검토했다. 스카 인렛 빙붕은 아직 붕괴되지 않았지만, 표면의 계측기 들은 이미 전혀 예기치 못한 다른 식견을 제공해주었다. 예를 들어 연구자들 은 남극반도의 빙붕들이 잔인한 여름을 보내더라도 겨울에는 여전히 새 눈으 로 빙붕을 키울 것이라고 가정했다. 하지만 스캠보스 팀이 2010년 11월에 계 측소를 수리하기 위해 현장으로 돌아갔을 때는 이리저리 노출된 크레바스들 때문에 착륙하기가 힘든 상태였다. 트윈오터 항공기가 표면 바로 위를 스치듯 지나면서 보니 9개월 전에 남긴 발자국과 항공기의 스키드 자국이 여전히 남 아 있었다. 겨울에 스카 인렛에 새 눈이 쌓였어야 하지만 그 대신 붕괴가 더 가까워졌던 것이다.

같은 해 7월 14~15일 극지의 겨울이 한창일 때 또 다른 놀라운 일이 일어 났다. 스카 인렛의 AMIGOS가 폭염을 보고한 것이다. 기온이 갑자기 섭씨 43 도나 폭등해서 최고 기온이 훈훈한 섭씨 10도를 찍었는데, 이 정도는 볼더에 서 셔츠만 입고 다니는 날씨였다.

이 폭염은 공기가 남극반도의 산들을 타고 미끄러져 내려오면서 압축되고

\*바람이 산을 넘으면서 고온 건조해지는 현상. 더워지는 푄(foehn) 현상으로\* 발생한 서풍 때문이었다. 그와 함께 AMIGOS 계측소에서 얼음의 몇 미터 밑에 묻힌 온도 센서들에 주기적으로 온기가 기록되었는데, 이는 눈 녹은 물이 밑으로 스며들고 있음을 나타내는 것이었다.

이 푄 바람이 얼마나 자주 생기는지는 아무도 모르지만, 스캠보스는 "몇 가지 중요한 사실을 놓치고 있을 수도 있다"고 말한다. 남극대륙의 해안에서 부는 바람의 평균속도는 지난 30년간 10~15퍼센트 빨라졌다. 지금은 남극 표면에서 매년 500~1,500억 미터톤의 눈이 바람에 날려서 바다로 떨어져 녹는다. 바람이 강해지면 눈이 더 많이 날릴 것이고, 빙붕에 대한 예후가 누구도 예기치 못한 방법을 통해 잠재적으로 악화된다.

뿐만 아니라 도마크가 라르센 B와 스카 인렛의 주위 기반암 노출부에 설치해둔 정밀 GPS 장비는 이 지역이 2012년 현재 연간 1.8센티미터 융기하고 있음을 보여준다. 대형 빙하가 소멸하면 그 아래 지표면이 다시 융기할 수 있다. 도마크는 "놀라울 정도로 빠르다"면서, 150킬로미터 밖에 있는 GPS 측정소에서 추산한 0.8센티미터보다 훨씬 빠른 속도라고 말한다. 스카 인렛 빙붕이 붕괴하고 그 뒤에 있던 빙하들이 바다로 빠르게 흘러 나가면 구조적 융기 속도가 다시 증가할 것이다. 도마크는 이 융기를 측정하면 바다로 흘러 나가는 얼음의 양을 추산할 수 있다고 말한다. 스카 인렛에서 지면 융기를 측정하면 더 남쪽에 있는 다른 빙붕들이 쇠퇴할 때 얼마나 많은 얼음이 사라질지를 더 잘 예측할 수 있다.

더 많은 빙붕이 붕괴하리라는 것이 필연적 결론이다. 평균적인 여름 기온이 섭씨 0도라면 빙붕이 존재할 수 있는 최고 기온에 해당한다. 그리고 여름 평균기온이 섭씨 0도인 가상의 선은 남극반도의 끝단에서 본토 쪽으로 서서히 남하하고 있고, 연간 평균기온도 더 높아지는 추세이다. 이 선을 넘는 모든 빙붕은 약 10년 안에 모두 붕괴되었다. 라르센 B와 스카 인렛의 남쪽에 있는 그다음 빙붕은 라르센 C로, 4만 9,000제곱킬로미터 면적을 차지한다. 메릴랜드의 두 배, 맨해튼의 약 820배에 해당한다. 라르센 C는 연쇄적으로 붕괴된 다른 모든 빙붕과는 달리 빙붕으로 흘러 들어가는 빙하가 더 많다. 이 빙붕은 이미 그 북단에서 여름의 융해 연못이 나타나고 있다.

더 우려스러운 점은 라르센 C 빙붕이 파인아일랜드(Pine Island), 트와이츠(Thwaites), 토튼(Totten)처럼 훨씬 더 큰 빙하들을 지탱하고 있는 본토에서 떨어져 나간다는 것이다. 이들 빙하는 위에서 밑으로 녹지 않고 따뜻한 해류 때문에 밑에서부터 녹고 있다. 그 결과는 같다. 즉 파인아일랜드 빙하는 1994년 이래로 15퍼센트만 얇아진 바 있지만, 그 뒤의 거대한 빙하의 흐름은 70퍼센트가 빨라졌다.

빙붕 붕괴가 빙하가 소멸하는 데 미치는 전체적 영향은 한동안 알려지지 않을 것이다. 2011년에 스캠보스, 트뤼페, 페티트가 발표한 한 연구에 따르면, 하류의 빙붕이 사라지고 15년 후까지 한 빙하의 이동 속도가 계속 빨라졌다. (프린스 구스타프 빙붕으로 흘러 나가던) 뢰스(Röhss) 빙하가 이전 속도에 비해 현재 아홉 배 빨라진 것이다.

이처럼 빙하 흐름이 빨라졌다는 사실로 NASA 제트추진연구소의 에릭 리그노와 이사벨라 벨리코그나(Isabella Velicogna)가 최근에 관찰한 사항이 설명될 것이다. 그들은 남극의 얼음 손실률이 실제로 연간 약 25세제곱킬로미터 늘고 있음을 발견했다. 2007년에 IPCC가 2100년까지 해수면이 18~59센티미터 상승하리라 예측했을 때는 이 빙붕의 효과를 전혀 계산하지 않았다. 리그노는 이 추산이 "실제로 잘못된 메시지를 전달한다"고 말한다. "아마 두세 가지 요소를 빠뜨렸을 겁니다." 그는 2100년까지 "틀림없이 해수면이 1미터는 상승할 것"이라고 말한다. 헬싱키기술대학의 마틴 베르미어(Martin Vermeer)는 2009년에 발표한 한 분석에서 75~190센티미터를 제시한 바 있다.

이러한 징후들로 라르센 지역에 더 많은 모니터링이 필요해지는데, 이 지역에서 그 비밀을 캐려고 하는 사람들은 혼쭐이 나고 있다. 도마크는 2010년에 팔머 호를 타고 원정을 가기 전에 그 지역으로 연구 항해를 다섯 번 갔는데, 그중 세 번은 가혹한 바다 얼음 때문에 지리적 목표 지점에 닿지도 못했다. 그는 "정말로 좌절스러울 수 있다"고 인정한다. 하지만 중요한 궁금증들이 있기에 그와 스캠보스는 계속 현장으로 돌아가려 하고 있다.

# 3-4 부인할 수 없는 사실 : 히말라야의 빙하는 정말로 녹고 있다

데이비드 비엘로

기후변화 반대론자들이 UN 정부간기후변화위원회(IPCC)의 마지막 보고서에서 저지른 몇 가지 실수에 대해 격분하는 태도를 보인 것이 언제인지 기억하는가? 그들이 지적하기 좋아하는 보고서의 실수에는 인도대륙이 아시아와 부딪쳐서 생긴, '제3의 극지(Third Pole)'라고 일컬어지는 히말라야의 빙하가 녹는 속도를 과대평가한 것이 포함된다. 일부 반대자들은 지난 2010년에 히말라야 및 인접 산맥의 빙하들이 녹고 있다는 사실을 전적으로 부정하기에 이르렀다. 하지만 현재 과학자들은 위성과 지상 조사를 통해서 티베트 고원의 빙하 82개가 쇠퇴하고 있고, 15개는 무게가 가벼워졌으며, 7,090개는 크기가 줄었음을 인정한다.

왜일까? 오하이오주립대학교의 로니 톰슨(Lonnie Thompson)과 중국과학원(Chinese Academy of Sciences) 소속인 그의 동료들에 따르면, 그 원인에는 현재 진행 중인 지구온난화의 특징들이 포함된다고 한다. 이를테면 평균기온 상승과 강수량 변화를 비롯한 기후변화의 징후들이다. 이 연구는 네이처 기후변화(Nature Climate Change) 저널 7월 15일자 온라인판에 게재되었는데, 그 빙하들에서 나오는 갠지스 강, 메콩 강, 양쯔 강 같은 큰 강들에 의존하는 수억 명의 사람들에게는 나쁜 소식이다.

하지만 기후변화 반대론자들은 물론 논점을 바꿨다. 실제로 기후학을 배운

전공자로서 유일하게 남은 기후변화 반대론자 중 한 명인 매사추세츠공과대학교(MIT)의 대기학자 리처드 린츤(Richard Lindzen)은, 2012년 6월 샌디아국립연구소(Sandia National Laboratory)에서 대화를 하던 중 지난 150년가량 평균기온이 섭씨 0.8도 상승한 기록을 놓고 작은 변화라면서 묵살했다. 하지만 이 작은 변화로도 고대부터 내려오던 그린란드 대륙빙하 중 맨해튼의 두 배 정도로 상당히 큰 얼음이 지난주에 떨어져 나간 것 같은 사건들이 초래되었다. 불과 몇 년 전에도 훨씬 더 큰 대륙빙하가 바다에 빠진 적이 있다. 그린란드에서 수십 년에 한 번 일어나던 일이 이제는 거의 해마다 일어난다.

이 '작은 변화'는 2012년에 미 중서부 지역의 곡물이 말라버린 역사적 가뭄이나 같은 해에 (신화통신에 따르면) 베이징에서 77명의 사망자가 발생한 폭우같이 전 세계에서 이상기후로 큰 혼란을 초래하기에도 충분했다. 기상 관련 재난은 해가 갈수록 계속 이어지고 있다. 개별적인 기상이변 사건을 기후변화와 직접적으로 연관시킬 수는 없지만, 인류가 화석연료를 계속 사용하면서 치명적인 홍수나 타는 가뭄 같은 극단적 기후가 나타날 가능성이 커지고 있다. 이러한 현상들은 모두 1980년대에 기후학자들이 예측한 대로 진행 중이다.

기후변화 반대론자들의 요구대로 이루어지고 있는 부분도 있는데, 기후변화에 대처하려는 노력의 부족이다. 이는 아마도 우리 모두가 기후변화를 받아들이지 않기 때문일 것이다. 이 모든 일이 2009년의 경기침체로 잠시 주춤한 이후 다시 늘어나는 데에는 세계적인 온실가스 배출에 그 책임이 있다. 국가 및 국제적 수준에서 기후 위기에 대처하기 위한 정치 및 정책적 노력은 사라진 것 같다. 다만 매연을 줄임으로써 변화와 싸우기 위한 시간을 벌려는 노력에 다소의 희망이 있을 뿐이다. 더반(Durban), 칸쿤, 코펜하겐에서는 기후 회담이 이루어지고 있다. 미국에서 기후변화를 멈추기 위한 행동을 여전히 지지하는 거의 유일한 지도자는 빌 맥키번(Bill McKibben)으로, 그는 화석연료 산업에 대항함으로써 풍차에 돌격하는 기후 문제의 돈키호테가 되었다.

화석연료 산업, 특히 엑슨모빌(ExxonMobil) 같은 대기업은 분명히 미국 석유협회(American Petroleum Institute)가 1990년대에 제시한 목표를 달성했다. 이 목표는 최근에 스티브 콜(Steve Coll)이 펴낸 책《사설 제국(Private Empire)》에 다시 소개되었는데, 그 내용은 다음과 같다.

- 보통의 시민은 기후학의 불확실성을 '이해'한다(인지한다).
- 불확실성의 인지는 '사회 통념'의 일부가 된다.
- 미디어는 기후학의 불확실성을 '이해'한다(인지한다).
- 미디어는 기후학 및 현재의 '사회 통념'에 도전하는 다양한 관점의 균형을 반영해서 보도한다.
- 기존의 과학을 바탕으로 온실가스 배출을 줄이기 위한 세계적 노력인 교토의정서(Kyoto treaty)를 홍보하는 사람들은 현실과 동떨어져 있는 것처럼 보인다.

이 다섯 가지 항목 모두를 검토해볼 수 있다. 이는 기후변화가 2012년 미국 대선의 이슈로서 역할을 하지 못한 하나의 큰 이유이다.

미국에서 기후변화에 대처하기 위한 현재의 희망은 천연가스에 있는데, 천연가스는 수십 년간 석유 업계와 석탄 업계가 사용하기 성가시다면서 묵살해왔다. 주로 메탄(methane)이라는 분자로 이루어지는 '마지막 화석연료' 천연가스는 그 자체가 강력한 온실가스이다. 하지만 천연가스를 태워서 전기를 생산하는 경우 가장 흔한 온실가스인 이산화탄소 발생량은 석탄을 연료로할 때에 비해 거의 절반으로 줄어든다. 국제에너지기구(International Energy Agency)에 따르면, 천연가스는 올해(2012년 7월) 이미 미국 역사상 처음으로 석탄만큼 많은 전기를 생산했고, 천연가스 발전소는 지난 5년간 미국의 온실가스 배출을 4억 3,000만 톤 줄이는 데 도움이 되었다.

＊세일층(모래와 진흙이 쌓인 퇴적암 지층)에 매장되어 있는 천연가스.
＊＊땅 밑으로 구멍을 뚫고 물, 모래, 화학약품을 고압으로 분사해서 원유나 가스를 추출하는 방법.

셰일가스(shale gas)를＊ 채취하기 위한 프래킹(fracking) 공법을＊＊ 중국에서도 사용한다면 세계의 온실가스 배출이 감소하기 시작할 수 있다. (단 현재로서는 미국이 중국에 셰일가스 노하우를 수출하기보다 공해가 매우 심한 석탄을 더 많이 수출할 것으로 보이지만 말이다.) 그리고 천연가스가 충분히 많다면 자동차의 주 연료로 석유 대신 천연가스를 쓸 수도 있다. 아마도 세계의 대양에 있는 차가운 암반에서 메탄 분자를 추출할 수 있다면 분명히 충분한 양을 생산할 수 있을 것이다.

그와 더불어 태양이나 바람 같은 재생 가능 에너지의 생산이 크게 증가하고 있으며, 핵발전소는 미국의 경우 사라지기 직전이지만 중국 같은 나라에서는 새로운 에너지원으로 쓰이고 있다.

이 중 어떤 조치로도 기후변화를 멈출 정도로 충분히 온실가스 배출을 빠르게 줄일 수는 없을 것이다. 어쨌든 천연가스를 태운다는 것은 $CO_2$ 분자를 대기 중으로 더 방출해서 열을 가둬둔다는 뜻이다. 또한 저렴한 천연가스를 사용하면, 대체에너지 개발 및 사용 경쟁이 느려지고 지구온난화가 섭씨 2도 이상으로 (지질학적 관점에서) 급등하게 될 것이다. 천연가스를 사용하든 안 하든 우리는 앞으로 40여 년 간 그러한 결과를 달성하는 과정에 있다.

이는 2100년도나 어쩌면 2500년도의 사람들이 당시의 날씨가 좋지 않다면 우리를 비난할 것이라는 뜻이다. 더 단기적으로 보면 우리 모두가 더 많은 해수면 상승, 기상이변, 바다의 산성화, 그리고 그 밖의 기후변화 영향에 적응하는 법을 배워야 한다. 지구는 지금 달라지고 있고 더 많이 바뀔 것이다. 히말라야에는 빙하가 더 적어지고, 북극에는 얼음이 줄어들며, 남극에는 천년 만에 처음으로 내한성 식물이 뿌리를 내릴지도 모른다. 이를 부인할 수는 없다.

# 4

해양

# 4-1 해양 생태계에 대한 안팎의 위협

마라 하르트·카를 사피나

조너선 헤이븐핸드(Jonathan Havenhand)는 "느려진 정자 (…) 지금은 그게 문제"라고 말했는데, 그의 영국 억양 때문에 메시지의 중대성이 더 강하게 느껴졌다. "이는 수정란이 더 적고, 새끼가 더 적고, 개체 수가 더 적어진다는 뜻이죠." 우리는 기후변화 및 대기의 이산화탄소 과잉이 세계 해양에 미치는 영향에 관한 국제 심포지엄에 참석하기 위해, 반짝이는 스페인 북부 해안을 따라 구릉지대를 달리는 택시에 함께 타고 있었다. 연구자로서 우리는 해양 화학의 변화가 해양 생명체들의 세포, 조직, 기관에 미치는 영향이라는 과소평가된 측면을 중점적으로 연구했다. 헤이븐핸드는 스웨덴 예테보리(Gothenburg) 대학의 실험실에서 그러한 변화가 가장 근본적인 생존 전략인 교미를 심하게 지연시킬 수 있음을 입증했다.

해양 산성화는 너무 많은 이산화탄소가 바닷물과 반응하여 탄산이 생성됨으로써 나타나는 결과로서, '$CO_2$의 또 다른 문제'로 불려왔다. 바닷물이 산성화될수록 산호와 조개 및 홍합 같은 동물들이 뼈대와 껍질을 만드는 데 문제가 생긴다. 하지만 더 나쁜 점은, 산성화가 껍질이 있거나 없는 모든 해양 생물에서 신체의 기본 기능을 방해할 수 있다는 것이다. 해양 산성화는 성장과 번식 같은 근본적 과정들을 방해함으로써 동물들의 건강과 종의 생존까지도 위협한다. 세계의 해양과 인간이 의존하는 먹이사슬이 회복할 수 없을 정도로

망가지기 전에 산성화를 억제하기 위한 시간이 흘러가고 있다.

## 해양의 빠른 변화

해양이 $CO_2$와 상호작용을 하면 온실가스가 기후에 미치는 영향이 다소 완화된다. 대기의 $CO_2$ 농도는 거의 390ppm에 이르지만, 해양이 매일 3,000만 톤의 가스를 흡수하지 않는다면 그 수치가 훨씬 더 높아질 것이다. 세계의 바다는 인간이 활동하면서 발생시키는 $CO_2$ 총량의 약 3분의 1을 흡수한다. 이 '흡수'로 지구온난화가 약화되지만 바다의 산성화라는 희생이 따른다. 사우스플로리다대학교의 로버트 번(Robert H. Byrne)은 불과 지난 15년간 하와이에서 알래스카에 이르는 태평양의 상부 100미터 수심에서 산도가 6퍼센트 증가했음을 발견했다. 지구 전체에서 산업혁명 초기 이후로는 해양 표면층의 평균 pH가* 0.12 떨어져 약 8.1이 되었다.

*수소이온농도지수.

이러한 변화는 많지 않게 보일지도 모르겠지만, pH 값은 로그 값이기 때문에 산도가 무려 30퍼센트나 증가한 것이다. pH 값이란 용액의 수소이온($H^+$) 농도를 측정한 값이다. 7.0은 중성이다. 값이 낮으면 산성이 높아지는 것이고, 값이 높으면 염기성이 된다. 8.1이면 약염기성이지만, pH 값이 감소하는 산성화 추세가 나타나고 있다. 바다 생명체들은 수백만 년 동안 그렇게 빠른 변화를 겪은 적이 없었다. 그리고 고생물학 연구들은 과거에 비슷한 정도의 변화가 있었을 때 바다 생물들이 광범위하게 감소한 현상이 있었음을 보여준다. 약 2억 5,000만 년 전에 거대한 화산 폭발들과 메탄 방출로 인해 대기 중의 $CO_2$가 최대 두 배가 됨으로써 가장 큰 멸종이 발생했을지도 모른다. 전체 해양 동물의 90퍼센트 이상이 멸종했다. 400~500만 년 동안 바다가 완전히 달라졌으며, 그 바다에서는 상대적으로 적은 종만이 서식했다.

과학자들은 만약 우리가 현재와 같은 비율로 온실가스를 계속 배출한다면 대기 중의 $CO_2$가 2050년에 500ppm, 2100년에는 800ppm에 달할 것이라고 예측한다. 해양 표면층의 pH는 7.8이나 7.7로 떨어질 수 있다. 즉 산업화 이전 시대에 비해 산도가 최대 150퍼센트 증가하는 셈이다.

대부분 사람들은 해양이 거대한 물웅덩이라고 상상한다. 하지만 해양은 케이크처럼 층이 있고, 각 층은 고유한 염도와 수온의 조합에 따라 구분된다. 가장 따뜻하고 신선한, 즉 염도가 낮은 층은 수면에서 5~200미터, 때로는 더 깊은 수심까지이다. 산소와 햇빛이 풍부해 먹이사슬의 밑바닥인 단세포 식물성 플랑크톤이 번성하며, 이 생물은 식물처럼 광합성을 한다. 식물성 플랑크톤은 동물성 플랑크톤의 영양분이 되는데, 동물성 플랑크톤에는 작은 새우 같은 극소형 갑각류부터 큰 물고기의 유생에 이르는 작은 동물들도 포함된다. 동물성 플랑크톤은 작은 물고기에 먹히고, 작은 물고기는 더 큰 동물에 먹히는 식으로 먹이사슬이 이루어진다.

바람은 표면층과 더 깊은 층의 물을 섞는 데 도움이 되며, 산소를 깊은 수심으로 보내고 영양소는 위로 보낸다. 하지만 수면과 해저 사이의 영양분 유통은 산 동물이나 죽은 동물의 이동을 통해서도 일어난다. 광범위한 종류의

# 태평양에서의 예상치와 측정 결과

기후 모델에 의거한 해양 pH 예상치는 태평양에서의 실측치와 일치했다. 실측치는 하와이대학교 연구팀이 1989~2009년 태평양 북중부 해저 지점에서의 농도를 기록한 결과이다. 양자의 상관관계에 비추어 볼 때, 대기 중 이산화탄소 농도가 계속해서 상승할 경우 해양 pH 값은 뚜렷하게 감소할 것으로 예상된다.

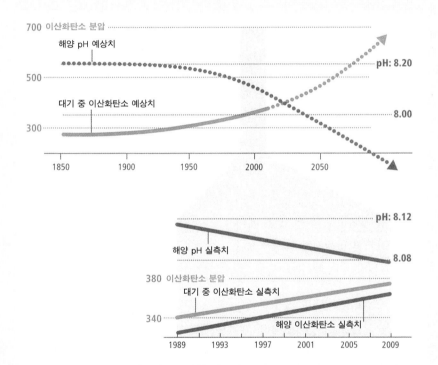

일러스트 : Jen Christiansen

작은 갑각류, 즉 요각류(copepods)는 밤마다 어둠 속에서 중간이나 그보다 더 깊은 수심에서 표면으로 이동해 낮에 햇빛이 만들어낸 진수성찬을 먹는다. 많은 물고기와 오징어가 이들을 따라 움직이고, 심해 동물은 풍부한 식품, 즉 생물들의 유해가 해저로 가라앉기를 기다린다. 생물들은 오르내리면서 서로 다른 pH 값의 물들을 지난다. 하지만 산도가 이 정도의 pH 값으로 변화하면 생물에게 해가 될 수 있다.

## 체내의 관점

바닷물이 산성화되면 해양 생물들은 개체 크기에 따라 체내의 pH 균형을 회복하고 유지하기 위해 더 많은 에너지를 소비하고, 성장과 번식 같은 중요한 과정에 사용할 에너지를 빼앗긴다.

바닷물의 $CO_2$ 농도가 조금만 증가해도 수중 호흡 동물의 체내로 빠르게 확산될 수 있다. 체내로 흡수된 $CO_2$는 체액과 반응해 수소이온을 만들어서 체액이나 조직이 더 산성화된다. 생물들은 체내 pH의 균형을 잡기 위해 다양한 기제를 이용한다. 이를테면 추가 수소이온을 흡수하거나 완충하는 중탄산염 같은 음이온 생산, 이온을 세포 안팎과 세포간극(intercellular space)으로\* 펌핑, 이온을 더 적게 흡수하고 $H^+$ 농도가 높은 시기가

\*세포들 사이의 공간.

'끝나기를 기다리기 위한' 신진대사 감소 등의 활동이

포함된다. 하지만 이 기제들 중 어떤 것도 pH를 지속적으로 떨어뜨리는 방법은 아니다. 생물체가 산도의 균형을 회복하려고 노력하면 에너지가 소비된다.

단백질 합성이나 강한 면역체계 같은 기본 생명유지 기능도 약화된다.

대부분의 종은 최소한 약간의 완충 분자를 갖고 있다. 어류와 그 밖의 살아 있는 생명체는 이를 비축해두었다가 장시간 급하게 헤엄을 칠 때 발생하는 일시적인 pH 감소를 완화한다. 전력 질주를 할 때 근육이 산소를 소비하지 않는 무산소 대사를 하는 달리기 선수와 마찬가지로, (주요 연료 분자인) ATP를* 더 빠르게 소모하면 H⁺ 이온이 추가로 누적된다. 하지만 장기간의 운동을 위한 완충 분자를 충분히 비축할 수 있는 동물은 몇 종뿐이다. 수만 년에 걸쳐 pH가 약간 달라진다면 생명체는 그에 적응해서 진화할 수 있으며, 예를 들면 완충 분자를 더 많이 생산하는 유전적 변화를 유지하게 될 것이다. 하지만 생명체들은 보통 수백 년 미만의 기간에 이루어지는 변화에는 적응할 수 없다. 실험실에서 며칠이나 몇 주 만에 비슷한 변화가 이루어진다면 치명적이다.

*아데노신3인산(adenosine triphosphate) 분자를 말하며, 생물의 신체에서 에너지를 발생시키는 역할을 한다.

적절한 완충 시스템이 적은 종들은 과거 $CO_2$ 농도가 높아진 시대에 살아가기 힘들었다. pH의 감소는 특히 심해에 서식하는 종에게 더 크게 해를 끼치는데, 심해의 종들은 환경이 안정적이라 변화에 적응하는 능력이 부족하기 때문이다. (그러므로 대량의 $CO_2$를 바다로 주입해서 기후변화와 싸우자는 전략 제안은 우려스럽다. 그러면 많은 생명체의 서식지가 불안정해질 수 있다.)

## 성장 및 번식 불량

해양 산성화가 생물의 체내에 미치는 영향은 성장 단계들에 따라 다르다. 작지만 성장하는 개체에 대한 연구들은 여러 가지 잠재적 문제들을 시사한다.

실제로 최초의 생명 불꽃인 수정에 영향이 미칠 수 있다. 과학자들은 실험실에서 해수 탱크에 $CO_2$ 거품을 주입함으로써 산성화를 모의실험 한다. 헤이븐핸드가 같이 차에 탔을 때 설명한 바와 같이, 실험실에서 바닷물의 pH를 (2100년에 예상되는 범위 이내로) 0.4 낮췄을 때 호주 성게(*Heliocidaris erythrogramma*)의 정자가 16퍼센트 적게, 그리고 12퍼센트 느리게 움직였다. 수정 성공률은 25퍼센트 줄었다. 야생에서 수정률이 25퍼센트 감소하면 시간이 갈수록 성체의 수가 크게 줄어들 수 있다. 성게는 수백만 개의 정자와 난자를 방출하지만, 정자는 오래 살아남지 못한다. 성게의 정자는 불과 몇 분 안에 난자를 만나 수정되어야 한다. 광대하고 요동치는 해양에서 느리게 움직이는 정자는 아마 목적지까지 도달하지도 못할 것이다.

산성화는 몇몇 종의 초기 유생 단계의 성장도 방해한다. 예테보리에서 헤이븐핸드와 같이 근무하는 새뮤얼 듀폰트(Samuel Dupont)는 흔한 불가사리와 친척 관계인 거미불가사리(brittlestar)의 유생을 0.2~0.4 줄어든 pH에 노출시켰다. 많은 개체가 비정상적으로 성장했고, 0.1퍼센트 미만이 8일을 넘겨 살아남았다. 또 다른 연구에서, 총알고둥류(*Littorina obtusata*) 달팽이는 pH가 더 낮은 물에 노출되자 더 적게 부화했고, 부화된 개체들은 움직이는 빈도가 낮아지고 평소보다 더 느리게 움직였다.

pH가 한꺼번에 0.2~0.4 정도 바뀌는 것은 야생종들이 겪는 것보다 더 큰 변화이며, 일부 종은 점진적 변화에는 적응할 수 있을 것이다. 하지만 어떤 종은 약간의 산성화만으로도 강력하고 즉각적인 영향을 받는다. 예를 들어 최근 오리건(Oregon) 해안에서 굴 유생이 폐사하여 몇몇 굴 양식업자가 사업을 지속하기 위해 앞 다퉈 움직였는데, 과학자들은 이 사건을 설명할 수 있는 원인이 해양 산성화라고 본다.

성체도 피해를 입고, 특히 '성장'에 지장이 생긴다. 성게와 달팽이는 느리게 움직이지만, 성장이 느린 것은 문제가 된다. 2005년에 일본 교토대학교의 연구자들은 6개월간 바닷물에 $CO_2$를 주입하여 그 농도를 현재보다 200ppm 더 높이면 성게 종인 말똥성게(*Hemicentrotus pulcherrimus*)와 보라성게붙이(*Echinometra mathaei*), 그리고 딸기소라(*Strombus luhuanu*)의 성장률이 감소한다는 것을 밝혀냈다. 200ppm 증가는 앞으로 40~50년간의 예상 변화량이다. 성장이 느려지면 개체들이 더 오래 더 작은 상태로 머물며, 포식자에게 더 취약해지고 잠재적으로 번식률이 떨어진다.

또한 바닷물이 산성화되면 일부 식물성 플랑크톤 종이 성장에 필수적인 미량영양소인 철분을 흡수하기가 어려워진다. 프린스턴대학교의 연구자들은 pH가 0.3 감소하면 식물성 플랑크톤의 철분 섭취가 10~20퍼센트 줄어들 수 있다고 지적한다. 식물성 플랑크톤은 먹이사슬의 중요한 고리가 될 뿐만 아니라 우리가 숨 쉬는 산소 중 많은 양을 생산한다.

또 다른 실험에서, 침전물 거주(sediment-dwelling) 거미불가사리인 양편거

미불가사리 필리포르미스(*Amphiura filiformis*)는 pH가 낮아지자 더 빠르게 자라지만 근육량이 상당히 손실되었다. 먹이를 먹고, 땅을 파고, 포식자를 피하려면 강한 근육이 필요하다. 진주담치(common blue mussel)는 pH가 0.3~0.5 낮아지자 1개월 안에 면역체계 반응이 억제되었다. 힘, 성장, 면역 기능, 번식 능력이 약해지면 장기적으로 개체 수가 줄어들 수 있다. 이러한 사실은 해당 종은 물론 그 종을 먹이로 하는 (인간을 포함한) 다른 많은 종, 심지어 서식지에도 나쁜 소식이다. 예를 들어 산호초와 다시마숲은 성게가 갉아먹으면 건강을 유지하는 데 도움이 되며, 거미불가사리가 움직이면서 침전물이 뒤섞이면 다른 여러 종이 살기에 더 적합해질 수 있다.

일부 생물체에게는 해양 산성화가 단지 종말을 의미할 수도 있다. 캘리포니아 해안에 흔한 요각류 종의 한 표본(*Paraeuchaeta elongata*)을 평균보다 pH가 0.2 낮은 물에 노출시키자 절반이 한 주 안에 죽었다. 참치부터 연어나 줄무늬농어처럼 우리가 즐겨 먹는 물고기는 특정한 요각류를 먹고 사는 동물들을 먹이로 삼기 때문에, 그 요각류가 풍부한가에 그 어류의 생존이 달려 있다.

점박이 울프피쉬(*Anarhichas minor*) 같은 몇 가지 어류는 실험실에서 눈에 띄는 산성 내성을 보였는데, 이들 어종은 완충 분자를 상대적으로 많이 비축하고 조직에 산소를 더 많이 저장하기 때문이다. 하지만 적응성이 매우 높은 물고기라도 먹이 공급이 줄어든다면 힘든 상황이 될지도 모른다. 다른 종들은 준비가 그렇게 잘 되어 있지 않다. 예를 들어 매우 활동적인 오징어는 체내에 산소를 저장하지 않고 항상 곧바로 모두 소비한다. 피 속의 산소가 적어지면

사냥을 하고, 포식자를 피하고, 짝짓기를 하는 능력이 제한될 것이다. 상업적으로 중요한 오징어인 캐나다 일렉스 오징어(*Illex illecebrosus*)는 pH가 0.15만 떨어져도 큰 해를 입을 수 있다.

지질학적 기록 및 실험실 연구들이 주는 교훈은, 해양이 산성화되면 수온 상승과 오염 및 남획 등의 인간이 초래한 스트레스 요인들 때문에 이미 고통을 받고 있는 동물들이 더 많은 고통을 겪어야 한다는 것이다.

## 산성화 적응?

실험실 실험은 몇 주에서 몇 개월간 이루어진다. 하지만 기후변화는 수십 년이나 수백 년에 걸쳐 일어난다. 일부 종은 그에 적응할 수 있을 것이고, 특히 번식 주기가 짧은 경우라면 그렇다. 동물이 번식을 할 때마다 새끼에게 유전적 변화가 일어날 수 있기 때문에 다음 세대가 새로운 환경에 적응하는 데 도움이 될지도 모른다. 하지만 pH가 0.3~0.5 감소하리라고 예상되는 90년은 상대적으로 느리게 번식하는 종의 유전적 적응이 이루어지기에는 너무 짧은 시간이며, 생물들은 이미 30퍼센트의 pH 하락에 스트레스를 받고 있을 수도 있다. 종의 멸종은 많은 경우 수백 년 이상의 느린 pH 감소의 결과이며, 한 세대당 개체 수가 1퍼센트만 감소하더라도 한 세기 안에 멸종이 초래될 수도 있다.

걱정스러운 점은 현재까지 관측된 pH 하락 및 현재의 배출 경향에서 예측되는 전망은 지난 1,000년의 변화에 비해 산성화가 100배 더 빠르다는 것이다. 지금 이대로라면 $CO_2$ 수준이 높아짐으로써 현대의 종들이 결코 겪어본 적 없는 전혀 다른 바다가 만들어질 것이다.

하지만 산성화와 생물들이 직면한 다른 어려움들의 상호작용 때문에 그에 대한 적응은 훨씬 더 힘들어질 것이다. 예를 들어 $CO_2$ 수준이 높아지면 개체들이 생존할 수 있는 수온대가 좁아질 수 있다. 우리는 이미 산호와 일부 해조류에서 그러한 제약을 목격하고 있는데, 이들은 더 높은 $CO_2$ 농도에 노출되면 평소보다 낮은 수온에서 열에 의한 스트레스를 받는다.

## 미래를 위한 방안

과학자들은 북극의 해빙부터 해수면 상승에 이르기까지 줄곧 기후변화의 속도를 과소평가해왔다. 전문가들은 점차 지구온난화가 위험한 수준에 이르지 않을 정도로 대기 $CO_2$를 제한하기를 권고하고 있다. 하지만 해양 산성화도 염두에 두고 목표를 설정해야 한다. 산성화가 계속되면 해양 생태계가 완전히 재편되고 먹이사슬 전체에 연쇄효과가 일어날 수도 있다. 어느 종은 새로운 종류의 플랑크톤들의 조합을 바탕으로 번창하고 다른 종은 고통을 겪을 수도 있지만, 우리가 가장 (혹은 최고로) 의지하는 종들이 거기에서 승자가 될지는 알 수 없다. 이러한 변화는 관광업에 피해를 끼치고, 잠재적인 제약 및 생의학 자원을 멸종시킬 수도 있다.

또한 해양 산성화는 지구 전체의 탄소 순환 규칙도 바꾼다. 지금은 인간이 배출하는 $CO_2$의 많은 부분을 해양이 흡수하지만, 바닷물의 $CO_2$ 농도가 높아지면 흡수율이 떨어지고 $CO_2$는 해수 표면으로 '떠오른다'. 그러면 대기의 $CO_2$ 농도가 더 빠르게 치솟아 지구의 기상 변화가 가속될 것이다.

그러한 결과가 발생하므로 앞으로 한 세기 동안 pH 감소가 0.1을 넘지 않을 정도가 되도록 배출 목표를 잡는 것이 타당하다. 대기의 $CO_2$ 수준을 350ppm으로 낮추는 것은 점점 더 합리적인 목표로 보인다. 일부에서 제안하듯이 2100년까지 450ppm에서 수치를 안정시키면 아마도 pH의 추가 감소를 0.1로 유지할 수 있을 것이다. 하지만 그 정도 수치라도 산호초에는 파멸적인 결과가 될 수 있고, 일부 동물들은 껍질을 만들 수 없게 된다. 이러한 현상은 특히 남극대륙을 둘러싼 남극해에서 발생할 것이다. 남극해는 수온이 낮고 고유의 해수 순환 패턴을 갖기 때문에 껍질과 뼈대 구조가 다른 대양에서보다 일찍 용해되기 시작할 것이다. 산성화가 일어난 뒤에 이를 되돌리는 것보다 산성화가 더 진행되지 않도록 막는 것이 훨씬 쉽다. 자연의 완충 시스템으로 pH를 산업화 이전 수준으로 회복하는 데는 수만 년이 걸릴 것이다.

무엇을 할 수 있을까? 우선 오바마 행정부는 미국 역사상 처음으로 국가해양정책(National Ocean Policy)을 제정해야 한다. 왜냐하면 그 법을 통해 이러한 복수의 위협과 싸우기 위한 활동이 효과적으로 협조될 수 있을 것이기 때문이다. 미 환경보호청(Environmental Protection Agency)은 수질보호법(Clean Water Act)에서 $CO_2$를 오염물질에 포함시키는 조치를 취함으로써 주 당국이 $CO_2$ 배출 제한을 집행할 수 있도록 해야 한다. 해양보호수역을 지정하면 남획으로부터 어종을 보호할 수 있을 것이다. 개체 수가 많아지면 개체군과 유전자 풀이 기후변화에 대응하는 회복력이 향상될 것이다. 어획고 제한을 정치적 요구가 아닌 과학적 권고에 맞추어 조정하는 것도 도움이 될 것이다. 그리고 수십 년 동안 보류해온 UN해양법협약(United Nations Convention on the Law of the Sea)에* 서명하면 미국이 해양 관리의 리더가 될 수 있을 것이다.

*1994년 11월 16일에 발효된, 해양의 연구와 보호 등을 촉진하기 위한 협약.

더 많은 과학 연구도 필요하다. 유럽 해양산성화 프로젝트(European Project on Ocean Acidification)의 연구 방안을 지원하고 연방 해양산성 연구 및 감시 법령(Federal Ocean Acidification Research and Monitoring Act)을 이행하기 위한 투자를 하면, 산성화의 영향을 더 깊이 이해할 수 있을 것이다. 하지만 산성화를 감지하기 위한 모니터링 네트워크의 규모를 크게 늘리는 조치도 필요하다. 시애틀에 있는 태평양해양환경연구실(Pacific Marine Environmental Laboratory)의 리처드 필리(Richard Feely)와 캘리포니아대학교 샌마르코스캠퍼스의 빅토리아 패브리(Victoria J. Fabry)가 이끄는 국제 팀이 OceanSITES 같은 기존의 해양 추적 프로그램에 산성화 모니터링을 통합하기 위한 청사진을 만들었다. 가급적 빨리 권고를 따라야 한다. 또한 캘리포니아 해류 생태계(California Current Ecosystem) 학제간 생물지화학 계류장비(Interdisciplinary Biogeochemical Moorings) 프로젝트 같은 일선 데이터를 실험실 실험과 통합하기 위한 노력을 확대함으로써 과학자들의 실험이 실제 조건을 모의할 수 있도록 보장될 것이다.

궁극적으로 해양 산성화의 해법은 새 에너지 경제에 달려 있다. 미국은 최근의 치명적인 탄광 및 해상 시추선 폭발과 멕시코 만의 기름 유출 재난을 감안해서, 지구를 위해 더 안전한 에너지 정책 전략을 수립할 이유가 그 어느 때보다 크다. 화석연료 사용을 크게 줄임으로써만이 더 많은 $CO_2$ 배출로 바다가 오염되는 것을 막을 수 있다. 유한하고 위험한 에너지원에서 재생 가능하고 깨끗한 에너지원으로 전환하기 위한 분명한 계획은 국가들에게 더 확실한 진로가 될 것이다. 그리고 이 계획은 지구, 특히 해양에 건강한 미래의 기회를 제공한다.

# 4-2 위험에 처한 산호초

존 플랫

산호는 해양에서 가장 필수적인 생태계 일부를 맡는 암초 형태의 유기체로서 전 세계적으로 기후변화, 해양 산성화, 인간의 간섭에 따른 문제에 직면해 있다. 하지만 너무 늦기 전에 산호초를 보존하려 하는 사람들도 많다. 이 중요한 종류의 유기체에 관한 최근의 연구를 개략적으로 알아보자.

야생동물보호협회(Wildlife Conservation Society, WCS)가 바다 표면의 수온 상승을 발견한 인도네시아에서 들려오는 몇 가지 최악의 소식에 따르면, 이 지역의 산호에서 대규모의 백화 현상이 일어났다고 한다. 백화 현상은 산호초에 사는 생물체들이 환경적 요인들 때문에 스트레스를 받을 때 암초 구조가 떨어져 나가거나 죽게 되어 발생한다. 그러면 산호초가 흰색이 된다. WCS의 해양생물학자들은 지역 산호초의 최소 60퍼센트, 그리고 그 지역에 서식하는 몇몇 산호 종의 80퍼센트가 수온이 섭씨 4도 높아지면서 백화되고 죽었음을 발견했다. 백화된 산호초는 산호에 생명을 의존하는 다양한 바다 생명체들을 유지할 수 없다. 그러면 결국 그 산호초 주변에서 생계를 위해 고기를 잡는 사람들에게까지 영향을 미친다.

한편 동남아시아의 따뜻한 바닷물이 북태평양으로 향하고 있으며, 다음 행선지는 하와이가 될 것으로 보인다. 과학자들은 파파하노모쿠아키아 해양국립기념물(Papahanaumokuakea Marine National Monument)에서 하와이 산호초의 백화 현상 징후를 모니터링하고 있다. (파파하노모쿠아키아의 과학자들은 최근 하와이에서 새로운 종으로 여겨지는 열 가지 산호를 발견하기도 했다.)

따뜻한 물이 산호에만 위협이 되는 것은 아니다. 기후변화의 부수적 영향으로 이산화탄소가 증가함에 따라 바닷물이 공기 중의 과잉 $CO_2$를 흡수하면서 초래된 산성 해수가 더 심각한 문제가 되고 있다. 워싱턴 주 벨뷰(Bellevue)에 있는 해양보존생물연구소(Marine Conservation Biology Institute)의 존 기노트(John Guinotte)에 따르면, 현재의 해양은 산업혁명 당시에 비해 산도가 30퍼센트 더 높다고 한다. 이러한 산도 상승은 탄산칼슘을 분비해서 뼈대를 만드는 산호에 위험한데, 낮은 pH에서는 탄산칼슘이 잘 반응하지 않기 때문이다. 기노트는 《가디언(Guardian)》에서 이렇게 말했다. "탄소 이온이 줄어들면 산호가 뼈대를 만드는 능력이 저해됩니다. 뿐만 아니라 탄산칼슘이 치명적인 수준 이하로 저하되는 경우 산호가 살아가는 기반인 기존 뼈대가 약해지기도 합니다."

해상 운송도 산호에 여러 가지로 위협이 된다. 인도 해안에서는 선박들이 불과 8일 간격으로 산호초와 충돌해서 기름이 유출되고 산호초에 피해를 준다. 봄베이 자연사학회(Bombay Natural History Society)의 디팩 압테(Deepak Apte)는 《타임스 오브 인디아(Times of India)》에서 이렇게 말했다. "이 산호초에는 150종 이상의 산호, 600종 이상의 연체동물, 1,000종 이상의 어류, 150종의 해조류를 비롯한 많은 동식물이 살고 있습니다."

산호의 또 다른 위협은 불법 무역이다. 피지의 《피지빌리지(Fijivillage)》 신문은 그 지역에서 만연하고 있는 불법 포획과 그 이유에 대해 탐사 보도를 했다.

이 모든 일이 진행되는 가운데 과학자들은 산호를 보존하기 위한 방법을 모색하고 있다. 예를 들어 스미소니언협회(Smithsonian Institution)와 하와이 해양생물연구소(Hawaii Institute of Marine Biology)의 한 과학자 팀은 하와이 산호의 냉동 '은행'을 만들었다. 이들은 버섯석산호(*Fungia scutaria*)와 라이스(rice)산호(*Montipora capitata*)의 냉동 정자와 배아세포로 시작을 했으며, 프로젝트를 진행하면서 더 많은 다른 종들도 포함시키기를 희망하고 있다. 한편 플로리다에서는 과학자들이 자원자들과 함께 10개의 양식장에서 산호를 키우면서 그 지역의 산호초 수를 다시 늘리려 하고 있다.

그리고 중요한 연구 관련 소식으로, ARC(Australian Research Council) 산호초우수연구센터(Centre of Excellence for Coral Reef Studies)는 어떤 산호는 백화되고 죽지만 다른 산호는 그렇지 않는 이유를 이해하는 데 도움이 될지도 모를 단서를 찾아냈다. 즉 어느 종이 면역을 위해 얼마나 많은 에너지를 쏟는지에 따라 결과가 달라지는 것으로 보인다. 과학자 중 한 명인 캐롤라인 팔머(Caroline Palmer)는 준비된 성명에서 "에너지가 효과적인 면역 반응에 필수적이기 때문에, 빠른 성장과 번식을 위해 에너지를 이용하는 산호는 면역 반응을 위한 여유가 더 적다"고 말했다. "석사슴뿔산호인 아크로포라(Acropora) 같은 이들 산호는 수온이나 질병에 노출될 때 가장 취약합니다."

마지막으로 약간의 좋은 소식이 있다. 마셜제도(Marshall Islands)의 아르노

(Arno) 환초를 조사하고 있는 연구자들은 100년 넘게 목격된 적이 없는, 세계에서 가장 희귀한 태평양 엘크혼산호(*Acropora rotumana*)를 발견했다. 앞으로 어떤 위협이 닥칠지는 아직 모른다.

# 5

온실가스와 지구온난화

제임스 핸슨

필자는 1976년에 롱아일랜드 주 존스 비치(Jones Beach)에서 어느 여름 오후를 보내면서 인간이 만든 지구온난화 개념의 역설을 명백히, 정말 분명하게 느꼈다. 아내와 아들을 데리고 그곳에 도착한 필자는 타는 듯이 뜨거운 모래를 피할 수 있는 물가 근처의 한 지점을 찾았다. 늦은 오후에 해가 지면서 바다 쪽에서 상쾌한 바람이 불어와 흰 물결이 일었다. 필자는 아들과 함께 거품이 이는 물가를 따라 달리면서 소름이 돋았다.

같은 해 여름, 앤디 라시스(Andy Lacis)와 필자는 NASA 고다드우주연구소의 다른 동료들과 함께 온실가스가 기후에 미치는 영향을 평가했다. 당시에는 인간이 만든 온실가스, 특히 이산화탄소와 염화불화탄소(chlorofluorocarbons, CFC)가* 대기에 축적된다는 것이 잘 알려져 있었다. 이들 가스는 지구의 총 에너지량에 동요를 야기하는 기후 '촉매

*염소, 불소, 탄소를 포함하는 화합물을 통칭하며, 상품명인 프레온(freon) 가스로 알려져 있다.

(forcing)'로, 만약 이들이 없었다면 지구 표면과 대기에서 우주로 빠져나갔을 적외선(열) 복사를 마치 담요처럼 흡수한다.

우리 그룹은 인간이 만든 이 가스들로 인해 지구 표면이 제곱미터당 거의 2와트의 비율로 가열되었다고 계산했다. 소형 크리스마스트리 전구는 약 1와트를 소비하는데, 그 대부분은 열의 형태이다. 따라서 온실가스의 효과는 인

간이 이 작은 전구를 모든 지구 표면에 1제곱미터마다 두 개씩 설치한 뒤 밤낮으로 켜놓고 있는 것과도 같다.

이러한 결론에서는 자연의 엄청난 힘과 작은 전구의 차이라는 역설이 생긴다. 분명히 이 정도의 미미한 가열로는 바람과 파도를 유발하거나, 필자와 아들의 피부에 돋은 소름을 누그러뜨릴 수 없을 것이다. 또한 그 정도로 느끼기 힘든 바다 표면의 가열조차도 깊은 수심으로 빠르게 퍼질 것이 틀림없으므로, 궁극적으로 바다 표면이 더워지려면 몇 년이나 어쩌면 몇 세기가 걸릴 것이다.

이러한 외견상의 역설은 이제 지구의 기후 역사에 대한 연구를 통해 대부분 풀렸으며, 작은 힘도 충분히 오래 지속된다면 큰 기후변화를 초래할 수 있음이 밝혀졌다. 그리고 역사적 증거들과 일치하게, 지구는 최근 수십 년간 인간이 만든 온실가스의 축적을 고려한 기후 모델에 따라 예측되는 비율로 더워지기 시작했다. 이 온난화는 세계에서 빙하가 쇠퇴하고, 북극해의 얼음이 얇아지고, 1950년대에 필자가 자랄 때에 비해 봄이 일주일 빨라지는 등의 주목할 만한 영향을 미치고 있다.

하지만 아직 많은 문제가 풀리지 않았다. 앞으로 수십 년 동안 기후변화가 얼마나 많이 일어날 것인가? 그리고 그 실질적 결과는 무엇일까? 그렇다면 우리가 그에 대해서 무엇을 해야 할까? 이 질문들에 대한 논쟁은 경제적 이해관계가 엮여 있기 때문에 매우 격렬했다.

지구온난화를 객관적으로 분석하려면 세 가지 문제, 즉 기후 시스템이 촉매에 대해 갖는 감도와 인간이 초래하는 촉매, 그리고 기후에 대응하는 데 필요한 시간에 대한 정량적 지식이 있어야 한다. 이 문제들 모두 세계적 기후 모델로 연구할 수 있는데, 기후 모델이란 컴퓨터로 하는 수치 시뮬레이션을 말한다. 하지만 최소한 현재까지 기후 감도(climate sensitivity)에* 대한 가장 정확한 지식은 지구 역사에서 얻는 경험적 데이터가 그 바탕이다.

*대기 중 이산화탄소의 농도가 두 배가 될 때 변화되는 평균기온의 반응.

## 역사적 교훈

지난 수백만 년 동안 지구의 기후는 빙하기와 따뜻한 간빙기가 계속 반복되어 왔다. 남극의 대륙빙하는 해안가를 제외하고는 40만 년의 온도 기록을 보존한 채로 가장 따뜻한 간빙기에도 녹지 않았다. 이 기록을 보면 이제 약 1만 2,000년 된 현재의 간빙기인 홀로세(Holocene)는**

이미 오래되었다.

**1만 년 전에 시작되어 현재에 이르는 지질 시대.

자연적인 1,000년 단위의 기후 변동은 다른 행성, 주로 질량이 매우 큰 목성 및 토성과 거리가 매우 가까운 금성의 중력에 의한 지구 궤도의 느린 변화와 관계가 있다. 이러한 동요는 지구에 닿는 연평균 태양에너지에는 거의 영향을 미치지 않지만, 지구로 들어오는 태양에너지, 즉 일조량의 지리적·계절적 분배는 최대 20퍼센트 달라진다.

일조량이 장기간에 걸쳐 변하면 대륙빙하가 만들어지고 녹는 데 영향을 미친다. 일조량과 기후변화는 식물, 토양, 해양에서 이산화탄소와 메탄을 흡수하고 배출하는 것에도 영향을 미친다. 기후학자들은 여전히 지구가 더워짐에 따라 해양과 지표가 이산화탄소 및 메탄을 방출하는 구조에 대한 정량적 이해를 발전시키고 있지만, 고대 기후 데이터는 이미 지식의 보고가 되고 있다. 빙하기 기후 변동이 보여주는 가장 중요한 통찰은 기후 감도를 실증적으로 측정할 수 있다는 점이다.

빙하기의 대기 구성은 해마다 내리는 눈으로 만들어지는 남극과 그린란드의 대륙빙하, 그리고 여러 산들의 빙하에 갇힌 공기방울을 통해 정확히 알려졌다. 또한 빙하기 대륙빙하의 지리적 분포, 식생 분포, 해안선 위치도 파악할 수 있다. 우리는 이들 데이터를 통해, 빙하기와 현대의 기후 촉매 변화가 제곱미터당 약 6.5와트였음을 알 수 있다. 이 정도의 촉매로는 세계의 기온 변화가 섭씨 5도로 유지되는데, 이는 제곱미터당 섭씨 0.75±0.25도의 기후 감도에 해당한다. 기후 모델에서도 그와 비슷한 기후 감도 값이 나온다. 하지만 실증적 결과가 더 정확하고 신뢰성 있는데, 왜냐하면 거기에는 실제 세계가 돌아가는 모든 과정이 포함되며 우리는 아직 그 모두를 기후 모델에 포함시킬 정도로 지식이 많지 않기 때문이다.

고대 데이터는 또 다른 중요한 통찰을 제공한다. 지구의 궤도 변화는 기후 변화를 유발하지만, 대기와 지구 표면의 성질을 바꾸고 지구의 에너지 균형을 변화시킨다. 현재로서 이러한 대기와 지구 표면의 성질은 지구의 궤도 변이보다 인간에 의한 영향을 더 많이 받는다.

### 현대의 기후 촉매 요인

최근 몇 세기 동안 기후 촉매의 가장 큰 변화는 인간이 유발한 온실가스로 초래되었다. 대기 중 온실가스는 열복사가 우주로 빠져나가도록 하는 대신 이를 흡수한다. 실제로 온실가스는 열을 흡수하는 유명한 담요 기능을 강화해서, 더 많은 열이 우주로 빠져나가지 않고 지구 표면으로 되돌아간다. 그러면 지구는 태양에서 흡수하는 것보다 더 적은 양의 에너지를 우주로 방출한다. 이와 같은 지구의 일시적인 에너지 불균형으로 지구는 점차 더워지고 있다.

해양이 열을 많이 흡수하기 때문에 지구가 새로운 균형에 다가가려면, 즉 지구에서 우주로 방출하는 에너지와 태양에서 받는 에너지가 또다시 같아지려면 약 한 세기가 걸린다. 그리고 물론 이 균형은 온도가 높아지면 또 달라진다. 이 평형상태에 도달하기 전에 더 많은 촉매가 추가될 수도 있다.

인간이 만들어낸 온실가스 중에서 가장 중요한 단일 요소는 주로 (석탄, 석유, 가스 등의) 화석연료를 태울 때 발생하는 이산화탄소이다. 하지만 인간에게서 비롯된 다른 가스들의 복합적인 영향도 상당히 크다. 이들 다른 가스, 특히 대류권 오존(ozone)과* 메탄을 포함한 오존 선행물질은 인간의 건강과 농업 생산성을 해치는 스모그의 구성 요소가 된다.

*산소 원자 3개로 이루어진 기체($O_3$). 지표 부근에서는 인체에 해로운 스모그를 발생시키고, 대기권 밖에서는 자외선을 흡수하는 오존층을 형성한다.

(공기 중에 떠다니는 미립자인) 에어로졸(Aerosol)은 인간이 유발하는 또 다른 기후 촉매이다. 그 효과는 더 복잡하다. 화석연료의 유황에서 만들어지는 황

산염 같은 일부 '백색' 에어로졸은 빛 반사율이 매우 높기 때문에 지구로 오는 태양열을 감소시킨다. 하지만 화석연료, 바이오연료, 야외 유기물질(biomass)의 불완전연소로 발생되는 블랙카본(매연)은 태양 빛을 흡수해서 대기의 온도를 높인다. 이 에어로졸이 직접적인 기후 촉매인지는 적어도 50퍼센트는 불확실하다. 부분적으로는 에어로졸의 양이 잘 측정되지 않기 때문이고, 부분적으로는 에어로졸의 특성이 복잡하기 때문이다.

에어로졸은 구름의 특성을 바꿔서 간접적인 기후 촉매의 원인이 되기도 한다. 에어로졸 때문에 구름이 더 환해지고 오래 지속되어 지구가 흡수하는 태양 빛의 양이 줄어들게 되므로, 냉각 효과를 유발하는 간접적인 역촉매 효과를 낸다. 인간이 만들어낸 다른 기후 촉매에는 산림이 농경지로 바뀐 것이 포함된다. 산림은 지상에 눈이 왔을 때도 어두운 색이기 때문에 산림이 줄어들면 지구가 흡수하는 태양열이 줄어든다.

화산 폭발이나 태양의 밝기 변동 같은 자연적 촉매는 아마 1,000년 단위로 나타나는 경향이 거의 없을 것이다. 하지만 지난 150년간 태양이 약간 밝아졌다는 증거를 보면 제곱미터당 수십 와트의 기후 촉매 역할이 된다는 것을 시사한다.

1850년대 이후로 추가된 기후 촉매의 순수한 값은 제곱미터당 1.6±1.0와트이다. 불확실성이 크기는 하지만 이러한 기후 촉매의 순 추산치가 정확하다는 증거가 있다. 그 증거 중 한 가지는 지난 수십 년간 관측된 세계 기온이 이 기후 촉매로 계산한 기후 모델과 거의 일치한다는 것이다. 더 근본적으로 보자면, 지난 50년간 세계의 해양에서 관측된 열 취득량이 기후 촉매 순 추산치와 일치한다.

## 지구온난화

지구 표면의 평균 온도는 광범위한 계기 측정이 시작된 1800년대 후반 이래로 섭씨 약 0.75도 높아졌다. 온난화의 대부분에 해당하는 섭씨 약 0.5도 상승은 1950년 이후에 이루어졌다. 관측된 온난화의 원인은 지난 50년에 대해 가장 잘 조사할 수 있는데, 왜냐하면 대부분의 기후 촉매가 그 이후에 관찰되었고 특히 1970년대에 태양, 성층권의 에어로졸, 오존을 위성으로 관측하기 시작했기 때문이다. 또한 인공적인 온실가스 증가의 70퍼센트가 1950년 이후에 일어났다.

가장 중요한 양적 변화는 지구의 에너지 불균형이다. 이 불균형으로 장기간에 걸쳐 해양이 따뜻해졌다. 우리는 지구가 현재 제곱미터당 0.5~1와트가량 균형을 잃었다는 결론을 얻었다. 즉 지구가 열을 우주로 방출하는 것보다 태양 복사열을 흡수하는 양이 그만큼 더 많다는 것이다. 따라서 대기의 성분이 더 이상 바뀌지 않는다 하더라도 지구 표면은 결국 섭씨 0.4~0.7도 더워질 것이다.

에너지 불균형의 대부분은 해양을 가열하는 열로 쓰였다. 국립해양대기관리처(NOAA)의 시드니 레비투스(Sydney Levitus)는 해양 수온 변화를 분석했는데, 지난 50년간 세계의 해양 열함량(heat content)이* 제곱미터당 약 10와

*물체가 가진 내부 에너지를
말하는 열역학 함수.
**축적된 열의 양.

트 증가했음을 발견했다. 그는 또한 지난 몇 년간
해양의 축열량(heat storage)** 비율을 보면 현재
제곱미터당 0.5~1와트의 에너지 균형을 잃고 있
다는 우리의 추산과 일치한다는 것도 발견했다. 얼음을 충분히 녹여서 해수면
을 1미터 상승시키는 데 필요한 열량은 지구 전체에서 연간 약 12와트로서,
이 정도의 에너지는 지구에서 제곱미터당 1와트의 불균형이 계속될 경우 12
년 만에 누적될 수 있는 양이다.

　모델로 산출한 온도 변화와 해양의 축열량 모두가 관측 값과 일치한다는
점에서 세계의 기후변화 관측 값이 자연적 및 인공적 촉매에 의한 것이라는
데에는 의심의 여지가 없다. 현재의 해양 축열량 비율은 지구에 중요한 기준
값이다. 이 값은 이미 진행 중인 지구온난화가 더 진행되는 양을 결정할 뿐만
아니라, 지구의 현재 기온을 안정시키는 데 필요한 기후 촉매의 감소량과도
같다.

## 시한폭탄

1989년에 리우데자네이루에서 확정된 UN기후변화협약(United Nations
Framework Convention on Climate Change)의 목표는 대기 성분을 "기후 시스
템에 대한 인공적 간섭이 위험해지지 않을 정도"로 안정시키고, 세계 경제에
지장을 주지 않으면서 그 목표를 달성하는 것이다. 따라서 "인공적 간섭이 위
험한 정도"인 온난화의 수준을 정의하는 것이 이 문제에서 중요하지만 힘든

부분이다.

UN은 지구온난화 분석을 담당하는 정부간기후변화위원회(IPCC)를 설립했다. IPCC는 21세기의 기후를 모의실험 하는 데 사용할 기후 촉매 시나리오를 정했으며, 기온과 강수량의 변화가 농업, 자연 생태계, 야생동물 등에 미치는 영향을 추산했다. IPCC는 만일 지구온난화가 섭씨 몇 도 수준에 이른다면 해수면 변화가 100년 안에 최대 수십 센티미터가 되리라고 추산한다. 이 기관이 계산한 해수면 변화는 주로 바닷물의 열팽창 때문이고, 대륙빙하의 부피는 거의 달라지지 않는다고 가정한 것이다.

이처럼 크지 않은 기후의 영향을 보면, 온실가스가 빠르게 증가하고 있기는 하지만 인공적 간섭이 위험한 정도에 근접하지는 않았다는 인상을 준다. 하지만 필자는 우리가 일반적으로 이해되는 수준보다 그 정도에 훨씬 더 다가갔으며, 따라서 변화에 적응하기보다는 그를 완화하는 데 중점을 두어야 한다고 주장한다.

필자가 보기에 지구온난화에서 가장 중요한 문제는 해수면 변화, 그리고 대륙빙하들이 얼마나 빠르게 붕괴될 수 있는가라는 질문이다. 세계 인구의 상당 부분이 해수면에서 몇 미터 높이 이내에 살고 있으며, 그 영역에 건설된 기반 시설의 가치는 수조 달러에 이른다. 그러므로 세계의 해안선을 보존할 필요성에 따라 인공적 간섭이 위험한 정도라고 할 만한 지구온난화 수준의 하한선이 결정될 것이다.

지구의 역사와 현재 인간이 만든 지구 에너지의 불균형은 해수면 변화를 전망하는 데 불안 요소가 된다. 남극의 온도 기록 데이터는 지난 50년간의 온난화로 세계 기온이 현재의 간빙기, 즉 홀로세의 절정기 정도로 되돌아갔음을 보여준다. 다소의 추가적인 온난화가 진행 중인데, 그러면 홀로세보다 더 따뜻했고 바다의 수위가 지금보다 5~6미터나 더 높았던 이전의 간빙기인 에미안기(Eemian)에서 가장 높았던 기온 수준의 절반 정도에 이를 것이다. 현재에 비해 기후 촉매가 제곱미터당 1와트 추가된다면 지구의 기온이 에미안기의 최대치 정도에 이를 것이다.

주된 문제는 대륙빙하들이 얼마나 빠르게 지구온난화에 반응할 것인가이다. IPCC는 100년 안에 대륙빙하가 약간만 변화할 것이라고 계산한다. 하지만 IPCC의 계산은 강설, 증발, 해빙의 변화에 따른 효과가 점진적으로만 이루어질 것이라고 가정한 결과이다. 현실에서 대륙빙하의 붕괴는 매우 비선형적인 과정과 피드백을 통해 이루어진다. 지난번 빙하기 이후에 빙하가 녹는 최고 속도는 (20년마다 해수면이 1미터 상승하는 수준의) 연간 1만 4,000세제곱킬로미터 이상이 지속적으로 해빙되는 정도였는데, 이러한 해빙 속도가 몇 세기 동안 유지되었다. 이처럼 가장 빠른 해빙 기간은 가장 빠른 온난화와 같은 시기였으며, 그렇다고 측정할 수도 있다.

이미 따뜻해진 지구에서 현재 진행 중인 비정상적 지구온난화의 속도를 볼 때, 고위도 지역에서 여름에 해빙이 되고 비가 오는 지역이 그린란드와 남극 주변부의 더 넓은 영역으로 확대될 것이라고 예상할 수 있다. 해수면 상승 그 자체도 지상의 빙하를 지탱하는 해상의 빙붕을 들어 올려서 고정된 지점에서 떨어져 나가게 하는 경향이 있다. 빙붕들이 분해되면 지상의 빙하가 바다로 흘러가는 속도가 빨라진다. 빙하는 느리게 형성되지만 대륙빙하가 일단 붕괴하기 시작하면 그 종말이 눈에 띄게 빨라질 수 있다.

인간이 초래한 지구 에너지 불균형은 빙하가 녹는 데 상당한 에너지를 제공한다. 또한 이 에너지원에 더해서 대륙빙하의 표면에 블랙카본 에어로졸이 떨어지면 표면의 색이 어두워져서 햇빛을 더 흡수하고, 빙하가 녹은 물도 얼음 표면을 어둡게 만드는 피드백이 이루어지면서 에너지가 더 추가된다.

이 고려 사항들은 우리가 앞으로 몇 년 안에 해수면 변화가 크게 진행되리라고 예상한다는 뜻이 아니다. 대륙빙하의 붕괴가 빨라지기 위한 전제 조건이 형성되려면 오랜 기간, 아마도 수백 년이 필요할 수도 있다. (NASA가 발사한 위성인 아이스샛이 대륙빙하의 붕괴가 빨라지는 초기 신호를 탐지할 수 있을지도 모른다.) 하지만 필자는 지구의 에너지 불균형이 계속 커진다면 상당한 해수면 상승이 훨씬 더 일찍 시작될 수도 있다고 생각한다. 어느 정도의 한계를 넘는 지구온난화가 진행된다면 미래 세대에는 반드시 해수면 수위에 큰 변화가 있을 것이 분명해 보인다. 그리고 대륙빙하의 붕괴가 일단 대규모로 진행된다면 그것을 멈추기는 불가능할 것이다. 방벽을 쌓으면 맨해튼이나 네덜란드 같은 제한적 영역을 보호할 수는 있겠지만, 세계의 해안선 대부분은 범람할 것이다.

필자는 인공적 간섭이 위험한 정도라는 기준은 상당한 양의 빙하가 녹는 상황을 피하는 것이 사실상 불가능해질 정도의 세계 기온과 지구의 복사 불균형에 따라 정해질 것이라고 주장한다. 고대 기후의 증거를 기초로 볼 때, 필자는 가장 신중히 예측하는 추가적인 지구온난화의 최고치가 섭씨 약 1도 미만이라고 생각한다. 이는 추가적인 기후 촉매가 제곱미터당 약 1와트를 넘지 말아야 한다는 뜻이다.

## 기후 촉매 시나리오

IPCC는 인구 성장, 경제적 발전, 에너지 자원 등에 따른 다양한 '줄거리'를 기초로 하는 21세기의 여러 가지 기후 촉매 시나리오들을 규정한다. 이 기관은 향후 50년간 추가되는 기후 촉매가 이산화탄소는 제곱미터당 1~3와트, 다른 가스와 에어로졸을 포함하면 제곱미터당 2~4와트가 되리라고 추산한다. 우리 기준에 따르면, IPCC가 추가한 최소한도의 기후 촉매만으로도 기후 시스템에 대한 인공적 간섭이 위험한 정도에 이를 것이다.

하지만 IPCC의 시나리오들은 지나치게 비관적일지도 모른다. 우선 그들은 지구온난화에 대한 우려 때문에 이미 진행 중인 오염물질 배출의 변화를 무시한다. 두 번째로 그들은 오존, 메탄, 블랙카본이 모두 2000년에 비해 2050년에 더 많아져서 실제 공기 오염이 계속 악화될 것이라고 가정한다. 세 번째로 그들은 향후 50년간 오염물질 배출을 줄일 수 있는 기술적 발전을 대수롭지 않게 여긴다.

시나리오를 정의하기 위한 한 가지 대안은 오늘날 기후 촉매 요인의 경향을 조사하고, 왜 그 요인들이 관측된 대로 바뀌는지를 묻고, 타당한 조치를 통해서 온실가스 증가율의 추가적 변화를 촉진할 수 있을지를 파악하는 것이다.

온실가스 기후 촉매 증가율은 1980년대 초에 10년간 제곱미터당 거의 0.5 와트에 달하면서 정점에 이르렀지만, 1990년대에는 10년간 제곱미터당 약 0.3와트로 줄었다. 증가율이 하락한 주된 이유는 프레온 가스라고도 알려진 염화불화탄소가 줄어든 덕분인데, 이 물질은 성층권 오존을 파괴하는 효과 때문에 생산이 단계적으로 중지되었다.

염화불화탄소가 감소하는 상황에서 이제 남은 두 가지 가장 중요한 온실가스는 이산화탄소와 메탄이다. 이산화탄소 증가율은 2차 세계대전 이후 급증했고, 1970년대 중반에서 1990년대 중반까지 증가세가 멈춘 이후로 최근 몇 년간 현재의 증가율인 연간 약 2ppm으로 다소 상승했다. 메탄 증가율은 지난 20년 동안 최소한 3분의 2로 크게 감소했다.

이 증가율은 세계적인 화석연료 사용률과 관련이 있다. 화석연료 배출은 2차 세계대전부터 1975년까지 연간 4퍼센트 넘게 늘었지만, 그 이후에는 연간 1퍼센트씩만 증가했다. 화석연료 증가율의 변화는 1970년대의 석유 금수 조치와 유가 상승 이후에 에너지 효율을 강조하면서 이루어졌다. 메탄 증가는 다른 요인들의 영향도 받았는데, 여기에는 쌀농사 현황의 변화 및 쓰레기 매립지와 채굴 산업에서 나오는 메탄을 포집하려는 노력의 증가가 포함된다.

이들 온실가스의 증가가 최근의 추세로 이어진다면 향후 50년 동안 추가되는 기후 촉매는 제곱미터당 약 1.5와트가 될 것이다. 이 변화량을 대기의 오존 및 에어로졸 같은 다른 기후 촉매에 따른 변화량과 합쳐야 한다. 이들 기후 촉매는 세계적으로 잘 모니터링되지는 않지만, 어떤 나라에서는 증가하고 어떤 나라에서는 감소한다고 알려져 있다. 이들의 순수한 영향은 작으리라 여겨지지만, 제곱미터당 최대 0.5와트가 추가될 수도 있다. 따라서 배출률이 낮아지지 않는다면 향후 50년간 인간이 만든 기후 촉매가 제곱미터당 2와트 늘어날 수도 있다.

이러한 기후 촉매 증가율의 '현재 추세'는 IPCC가 제곱미터당 2~4와트라고 추정한 값의 하한치에 해당한다. IPCC가 제시한 제곱미터당 4와트의 시나리오가 현실화되려면 이산화탄소 배출이 50년 동안 연간 4퍼센트씩 기하급수적으로 계속 증가하고 공기 오염이 크게 늘어나야 하는데, 이는 믿기 힘든 가정으로 보인다.

그렇지만 '현재 추세' 시나리오는 인공적 간섭이 위험한 정도의 수준에 대해 필자가 현재 최선의 추산치로서 제시한 제곱미터당 1와트 수준보다 크다. 때문에 기후 촉매를 그보다 낮추는 현실적 시나리오가 있는지에 의문이 커진다.

## 더 밝은 미래

필자는 향후 50년 동안 추가 기후 촉매를 제곱미터당 약 1와트로 유지하는 구체적인 대안 시나리오를 개발했다. 이 시나리오는 두 부분으로 이루어진다. 우선 공기 오염을 멈추거나 줄이고 특히 매연, 대기의 오존, 메탄을 줄인다. 다음으로 향후 50년 동안 평균 화석연료 이산화탄소 배출을 대략 현재와 같은 수준으로 유지한다. 이 시나리오에서는 이산화탄소와 그 외의 부분이 똑같이 중요하다. 필자는 이 시나리오가 현실성 있는 동시에 인간의 건강을 보호하고 농업 생산성을 증가시킬 것이라고 주장한다.

공기 오염에 대처하기 위해서 우리는 지구온난화에 크게 영향을 미치는 구성 요소에 중점을 두어야 한다. 메탄은 좋은 기회를 제공한다. 만일 인간이 발생시키는 메탄을 줄인다면 대기의 메탄 양을 줄일 수 있을 테니, 이산화탄소 증가를 부분적으로 상쇄하는 냉각 효과를 얻을 수 있다. 블랙카본 에어로졸을 줄이면 황산염 에어로졸이 감소되면서 생기는 온난화 효과에 대응하는 데 도움이 될 것이다. 스모그의 주요 성분인 저공의 대기 오존을 줄이려면 메탄을 제외한 대기 오존 선행물질, 특히 질소산화물과 휘발성 유기화합물을 줄여야 한다.

쓰레기매립지와 폐기물관리시설에서, 그리고 화석연료를 채취하는 동안 메탄을 포집하는 것처럼 메탄을 줄이는 데 필요한 조치들은 그 비용을 부분적으로 상쇄하는 경제적 이익이 있을 것이다. 어떤 경우에는 메탄의 연료로서의 가치가 메탄 포집 비용을 완전히 해결할 정도가 된다. 블랙카본을 줄이면 생명과 근로시간 손실을 줄이며(미세먼지 매연을 호흡하면 독성 유기화합물과 중금속이 폐로 들어가기 때문에), 세계의 어떤 지역에서는 농업 생산성이 높아지는 경제적 이익도 있다. 블랙카본의 주요한 근원은 디젤유와 (나무나 소의 분변 같은) 바이오연료이다. 이 연료들은 건강을 위해서 문제를 처리할 필요가 있다. 디젤은 발전된 기술을 통해 더 깨끗하게 연소시킬 수 있을 것이다. 하지만 오존 선행물질과 매연이 생기지 않는 수소연료 같은 더 나은 해결책이 있을 수도 있다.

　에너지 효율을 높이고 재생 가능 에너지를 더 많이 사용한다면 당분간은 이산화탄소 배출량을 유지할 수 있을 것이다. 하지만 에너지 소비가 늘어날 것이기 때문에 장기적으로 이산화탄소 배출을 줄이는 데는 더 큰 어려움이 있다. 지속적인 효율 개선, 재생 가능 에너지의 사용, 이산화탄소를 배출하지 않거나 적게 배출하는, 혹은 이를 포집하거나 격리하는 신기술 개발 등의 전반적 조치가 필요하다. 그리고 대중이 받아들인다면, 차세대 원자력발전이 중요한 역할을 할 수 있을 것이다. 아니면 2050년 이전에 이제껏 상상하지 못한 신기술이 나올 수도 있다.

　지난 몇 년 동안 관측된 이산화탄소 및 메탄의 세계적 배출 추세를 보면, 현실은 모두 IPCC 시나리오에 못 미친다. 관측된 오염물질 증가율이 시나리오를 밑도는 것이 우연이고 곧 IPCC가 예측한 비율로 되돌아갈 것인지, 아니면 유의미한 차이가 나타나고 있는 것인지 여부는 아직 입증되지 않았다. 반면 필자가 제시한 대안 시나리오의 예측과 관측된 증가율은 일치한다. 이는 놀라운 일도 아닌데, 왜냐하면 필자의 시나리오는 관측 값을 염두에 두고 정의했기 때문이다. 그리고 대안 시나리오를 정의하고 난 이후 3년간의 관측 값이 시나리오의 추세와 계속 일치했다. 하지만 필자는 그렇다고 해서 그 대안 시나리오를 채택하기만 하면 혼신의 노력을 하지 않고도 인공적인 기후 촉매를 줄일 수 있다고 주장하는 것은 아니다.

　기후가 현재까지 인지된 수준에 비해 인공적 간섭이 위험한 정도의 수준에 더 근접해 있다면 필자가 어떻게 낙관적일 수 있겠는가? 현재의 상황을 10~15년 전과 비교해보면, 기후변화를 멈추는 데 필요한 주된 요소들이 눈에 띌 정도로 빠르게 작용해왔음을 알 수 있다. 필자는 온실가스 농도를 안정시키는 것이 쉽지 않으리라는 점을 알고 있지만, 기후변화와 그 영향에 대한 실증적 증거가 계속 축적되고 그 증거가 다양한 수준에서 대중, 공익 집단, 업계, 정부에게 영향을 미칠 것이라고 기대하기 때문에 낙관적인 생각을 갖고 있다. 문제는 우리가 충분히 일찍 행동에 나설 수 있을까 하는 것이다.

# 5-2 티핑 포인트를 넘어서

마이클 르모닉

기후변화 과학 이면의 기본 명제는 이성적인 사람이라면 누구라도 이의를 제기할 수 없는 물리 법칙에 확실히 뿌리박고 있다는 것이다. 다른 모든 문제도 마찬가지다. 예를 들면 수백만 톤의 석유, 석탄, 천연가스를 태워서 이산화탄소($CO_2$)를 배출하면 대기가 더워질 것이다. 노벨상 수상자인 화학자 스반테 아레니우스(Svante Arrhenius)가 1896년에 처음으로 설명한 바에 따르면, $CO_2$는 태양 가시광선에 대해 상대적으로 투명하기 때문에 태양이 낮 동안 지구를 가열한다. 하지만 적외선에는 상대적으로 불투명하기 때문에 야간에는 지구가 적외선을 우주로 다시 방출하려 한다. 만약 지구가 산, 바다, 초목, 극지방의 빙원이 없이 특징 없는 단색의 당구공이라면 $CO_2$ 농도가 꾸준히 증가한다는 것은 지구가 꾸준히 더워진다는 뜻이 된다. 끝.

하지만 지구는 당구공이 아니다. 지구는 극히 복잡하고, 지구물리학 체계에는 수십 가지의 복잡한 변수가 있으며, 그 변수 대부분은 서로 반응해서 바뀐다. 해양은 많은 양의 열을 흡수해서 대기가 더워지는 것을 늦추며, 과잉 $CO_2$도 흡수한다. 초목도 $CO_2$를 흡수하지만, 결국은 식물이 썩거나 불타면서 이 가스를 배출한다. 혹은 훨씬 더 장기적인 시나리오에서는 $CO_2$가 바다 밑바닥으로 가라앉아서 석회석 같은 퇴적암이 된다. 기온이 높을수록 바다에서 수증기가 더 많이 증발된다. 수증기 자체는 지구의 열을 가두는 효과를 내지만, 구름이 되면 태양에서 오는 열을 일부분 차단한다. 화산은 $CO_2$를 내뿜지만, 햇빛을 분산시키는 미립자를 분출하기도 한다. 이는 일부 사례일 뿐이다.

$CO_2$ 증가의 영향을 계산할 때 이 모든 요소를 포함시키기는 어렵다. 따라서 기후학자들이 여전히 이 모든 변수가 어떻게 작용할지를 파악하려고 하는 것은 놀라운 일이 아니다. 그리고 실적을 보면 기후변화 운동가라고 할 수 있는 NASA 고다드우주연구소의 소장 제임스 핸슨이, 기후변화의 결과가 대부분 사람들이 생각하는 것보다 더 나쁠 수도 있다는 학술지 원고를 배포해왔던 것도 놀랍지 않다. IPCC가 2007년에 발표한 가장 최근의 주요 보고서에서는 기온이 섭씨 3도에서 ±1.5도의 오차로 상승하면 해수면 상승, 광범위한 가뭄, 기상 패턴의 변화 등으로 인간의 생활에 심각한 영향을 촉발하기에 충분하다고 예상한다.

하지만 열린대기과학저널(Open Atmospheric Science Journal)에 논문을 제출한 핸슨과 그의 공저자 아홉 명에 따르면, 정확한 기온 상승 수치는 거의 섭씨 6도라고 한다. 그는 "이 수치가 평형상태"라고 말한다. "한동안은 그 정도에 도달하지 않을 겁니다. 하지만 우리의 기준치는 그렇습니다." 핸슨은 21세기 말이나 혹은 그 이후에도 이 정도 기온 상승의 완전한 영향이 체감되지는 않겠지만, 필연적으로 큰 기후변화가 발생할 지점은 이미 다가오고 있다고 말한다. 논문에서는 이렇게 주장한다. "인간이 지구를 문명이 발전할 때와 비슷하게, 그리고 지구의 생명들이 적응할 정도로 보존하기를 바란다면, $CO_2$를 현재의 385ppm에서 거의 350ppm으로 낮춰야 한다." 그는 이 상황이 "우리가 암암리에 가정해왔던 것보다 훨씬 더 민감하다"고 말한다.

이러한 주장은 핸슨의 여러 주장들과 마찬가지로, 그의 일부 동료들의 생각보다 더 과학적으로 앞서 나가는 것이다. 예를 들어 핸슨은 1998년에 인간이 기후에 미치는 영향이 의심의 여지가 없다고 주장했는데, 당시는 다른 저명한 기후학자들이 그 점에 의문을 표할 때였다. 그 후로 그가 옳았다는 점이 입증되었으며, 인간이 미치는 영향뿐만 아니라 미래의 대략적인 기온 상승 속도에 관해서도 그의 생각이 옳았다. 하지만 1998년과 마찬가지로 그의 모든 결론까지는 아니더라도 그의 주장의 근본적 동기는 꽤 많은 공감을 얻고 있다.

문제는 모두가 알고 있는 계산을 통해 얼마나 더워질 것인지를 산출하는 기존의 예측이 틀렸다는 것이다. 차니(Charney) 감도라고 하는 이 예측은, 사람들이 석탄과 석유를 대규모로 태우기 전인 산업화 이전의 수준에 비해 대기 중 $CO_2$가 두 배가 되면 세계 평균 온도가 얼마나 상승할 것인지를 추산한다. 1800년대 중반에는 이산화탄소 농도가 약 280ppm을 나타냈다. 이 농도의 두 배면 560ppm이며, 차니 감도 계산에 따르면 기온이 섭씨 약 3도 상승해야 한다.

하지만 차니 감도 계산은 당구공 모델만큼은 아니더라도 여전히 지나치게 단순화되어 있다. 이 계산은 예컨대 수증기, 구름, 해빙처럼 단기간에 기온을 상승시키는 영향을 바꿀 수 있는 몇 가지 피드백 요소를 반영하지 않는다. 반면에 이 계산은 단순화를 위해서 빙하작용과 초목의 변화, 먼지 같은 미립자, 바다 수온이 높아지면 감소하는 해양의 이산화탄소 흡수 능력을 비롯한 다른 장기적 요소는 달라지지 않는다고 가정한다.

## 현실성을 위해 씨름하는 기후 모델

(핸슨 논문의 공저자는 아니지만) 역시 고다드연구소의 기후학자인 개빈 슈미트(Gavin Schmidt)는 "우리 자신을 포함해 많은 사람들은 차니 감도 계산을 현실 세계에 적용하는 경향이 있었다"고 말한다. "하지만 현실 세계는 다른 사항은 고정된 채로 몇 가지 사항만이 바뀔 수 있는 모델과는 다릅니다." 슈미트는 어느 시점에서는 "실제 기후를 이야기해야 한다"고 말한다.

그 부분을 핸슨이 시도한 것이다. 그리고 그러한 시도를 한 것은 그가 처음이 아니다. 스탠퍼드대학교의 스티븐 슈나이더(Stephen H. Schneider)를 비롯한 다른 과학자들은 여러 해 동안 현실 세계의 요소들을 표준 기후 모델에 포함시키는 방안을 논의해왔다. 어려운 점은 이 요소들을 추가하려면 이들의 비중을 판단하기 위한 합리적 방법을 찾아야 한다는 것이다.

핸슨과 그의 공저자들은 다른 기후학자들처럼 오랜 과거로부터 남은 증거를 이용해서 이러한 피드백 구조들을 다룬다. 가령 우리는 지난 80만 년 동안 긴 빙하기와 (현재 우리의 조건과 더 비슷한) 더 짧은 간빙기 사이에서 기후가 왔다 갔다 했음을 안다. 그 기간의 기온과 $CO_2$ 사이의 관계는 꽤 잘 파악되었는데, 이는 주로 그린란드와 남극에서 고대 빙핵에 갇힌 공기방울을 뚫어서 조사한 덕분이었다. (그 공기방울 안의 $CO_2$ 농도를 직접 측정할 수 있고, 기온에 따라 달라지는 두 가지 산소동위원소의 상대적 풍부함을 측정해서 세계의 평균기온을 계산할 수 있었다.)

하지만 핸슨은 그 기록이 다른 단서들도 담고 있다고 지적한다. 그는 고대 해안선 높이를 기록하는 연구를 통해 "그 기간 중에 해수면 수위가 어떻게 바뀌었는지도 안다"고 말한다. 대륙빙하가 쇠퇴하고 성장함에 따라 해수면이 상승하고 하강하므로, 지구의 어느 부분이 백색으로 덮여서 열을 반사하는 기능을 했는지 측정할 수 있다. 따뜻한 세계에서 얼음이 쇠퇴하면 어두운 지구 표면이 더 노출되어서 태양복사를 흡수하며, 그 결과로 세계가 더 따뜻해지고 더 많은 얼음이 녹는다. 반대로 추운 세계에서는 대륙빙하가 성장하면 더 빠르게 추워진다. 이는 차니 감도 계산에 반영되지 않은 중요한 피드백 구조 중 하나이다. 핸슨은 이 요소가 반영되지 않은 것은 한편으로 이 현상이 수백 년에 걸쳐서 일어난다고 여겨졌기 때문이고, 다른 한편으로는 "고대 기후 기록이 기후 감도에 관한 정보의 주목할 만한 근거라는 점이 충분히 인식되지 못했기 때문"이라고 말한다.

예를 들어 핸슨은 이 기록을 이용해서 인간이 설령 현재의 대기 중 $CO_2$ 수준인 385pm을 유지할 수 있다고 하더라도 (그 수치가 우리가 기준으로 삼는 대기의 $CO_2$ 농도가 두 배가 되는 수준에는 절반에도 미치지 못함에도 불구하고) 해수면이 몇 미터 상승할 것이며, 이는 대륙빙하가 붕괴되기 때문이라는 결론을 내린다. 또한 그는 대륙빙하 붕괴가 순진하게 예측하는 수준보다 더 빠르게 일어날 수도 있다고 본다. 그는 "중력 위성을 이용할 수 있기 전까지는 이에 관해 확실한 데이터가 없었다"고 말하면서 GRACE 위성을 언급하는데, GRACE

는 지구의 중력장이 국지적으로 조금만 변하더라도 이를 감지할 수 있는 한 쌍의 위성이다. "그린란드는 1990년에 빙하 손실이 커지면서 질량의 안정성이 사라졌습니다. 또 다른 놀라운 부분은 남극 서부인데, 그곳에서는 실제 온난화가 거의 없었음에도 빙붕들이 녹고 있습니다." 부분적으로 물에 뜬 이들 빙붕이 녹으면 지상의 빙하들이 바다로 더 빠르게 흘러 내려갈 수 있다. 그린란드에서는 빙하 상단에서 녹은 물이 아마도 빙하 표면의 균열을 통해 흘러 대륙빙하의 밑면을 미끄럽게 함으로써 바다로 흘러가기가 더 쉬워지고 있다.

핸슨은 기온 상승으로 얼음 표면에서 녹은 물의 양이 늘어날 뿐만 아니라 강수량도 더 많아진다고 말한다. "대륙빙하 성장은 건조한 과정입니다. 붕괴는 습한 과정이므로, 그 진행이 훨씬 더 빠릅니다."

만일 현재의 $CO_2$ 수준에서도 (많은 해안 지역, 수억 명 인구의 주택이 완전히 물에 잠길 정도로) 몇 미터의 해수면 상승을 초래한다면, $CO_2$가 560ppm으로 높아지도록 방치하는 경우 상상하기 힘든 재난이 닥칠 것이다. 핸슨 팀의 분석에 따르면, $CO_2$가 450ppm으로만 상승해도 재앙이 될 수 있다고 한다. 약 3,500만 년 전에는 지구에 얼음이 전혀 없었고, 따뜻한 물에 사는 악어와 우거진 삼나무 산림이 북극권 이북에서 번성했다. 연구자들은 $CO_2$가 425ppm(오차 범위 ±75ppm)으로 떨어졌을 때 남극에서 대규모 빙하작용이 시작되었다고 추산한다. 따라서 우리가 그 선에 도달한다면 얼음이 대부분 다시 사라지고, 그린란드의 빙하가 녹아서 해수면이 수십 미터 상승할 것이다. 슈나이더는 $CO_2$ 농도를 가급적 낮게 유지하는 유일한 방법은, 미국에서 탄소 배출을 가장 엄격히 제한하는 캘리포니아 주의 제안을 전 세계가 채택하는 것이라고 주장한다. 물론 인도나 중국 같은 개발도상국은 고사하고 미국의 다른 주들도 그에 동의한다고 상상하기는 힘들지만 말이다.

이 방안은 빙하의 해빙만을 피드백 요소로 고려한다. 슈미트는 "초목, 대기, 해양 화학, 그리고 대기의 에어로졸 및 먼지의 변화 모두가 기후변화에 플러스의 피드백이 된다"고 본다. "세계의 평균기온이 어떤 이유로든 바뀌면 다른 요소들로 인해 그 변화가 증폭될 겁니다." 그 밖의 플러스 피드백에는 해양에 용해되었던 $CO_2$가 수온이 높아지면서 방출되는 현상, 그리고 가령 북극의 영구동토층이 녹으면 썩기 시작할 유기물질에서 메탄가스 같은 다른 온실가스의 방출이 빨라지는 일 등이 포함된다.

기후학자로서의 핸슨의 명성으로 볼 때 그의 분석이 폭넓은 공포를 일으켰으리라고 예상할지도 모르겠다. 실제로 그러했지만, 과학자들은 아니었다. 핸슨이 한 총회에서 그의 새 계산을 발표한 후, 저널리스트이자 작가인 빌 맥키번(Bill McKibben)은 2007년 12월에 《워싱턴 포스트(Washington Post)》에 게재한 기고문에서 "이번 12월이 지구온난화와 싸운 20년간의 역사에서 가장 중요했을지도 모른다"고 썼다. "350ppm은 우리의 미래를 결정할 수치일지도 모른다." 맥키번은 이를 알리기 위해 350.org라고 하는 단체를 만들었다. 다른 운동가와 블로거가 비슷한 경고를 하면서 그에 반응했다.

하지만 대부분의 기후 전문가들은, 지구온난화에 대한 위험을 매우 심각하게 여겼음에도 그다지 크게 걱정하지 않았다. 왜냐하면 핸슨과 그의 동료들은 여러 가지 피드백 구조에 의한 기후 감도의 새 추산치와 다양한 티핑 포인트의 근거를 정말로 잘 파악하기는 힘든 고대 환경의 기록에 두기 때문이다. 슈미트는 이렇게 말한다. "문제는 과거로 멀리 거슬러 올라갈수록 정말로 알 수 있는 것이 적어진다는 점입니다. 오차의 범위가 매우 큽니다." 그는 지구에서 얼음이 없던 시기가 "매우 흥미롭다"고 인정한다. "그 기간은 우리의 운명이라고 생각되는 시기와 비슷하며, 기본적으로 $CO_2$ 변화에 따른 기후 감도에 관해 많은 것을 말해줄 수 있습니다."

예컨대 해양 침전물의 산도 변화를 통해서 대기의 $CO_2$ 수준을 간접적으로 추론할 수 있지만, 이는 틀릴 수도 있는 가정을 수반한다고 슈미트는 지적한다. "사람들은 대개 당시에는 $CO_2$ 농도가 더 높았다고 생각하지만, 그 정확한 수치나 정확한 시기는 알 수 없습니다. 핸슨은 실제 기후 감도가 차니 감도의 두 배라고 말하겠지만, 세 배일 수도 있고 같을 수도 있습니다." 그와 비슷한 불확실성이 대륙빙하의 쇠퇴와 흐름에도 존재한다. 슈미트는 "북미에 있는 대륙빙하가 그린란드의 빙하보다 더 민감했을 수도 있고, 그래서 그린란드의 빙하가 존재한다고 설명될 수도 있을 것"이라고 말한다.

이 점은 폭넓은 합의가 이루어진 것으로 보인다. 프린스턴대학 지질 및 국제문제학과 교수 마이클 오펜하이머(Michael Oppenheimer)는 "핸슨의 분석이 매우 예리하다"고 말한다. "그 부분에 대해서는 우리 모두가 생각해봐야 하지만, 불확실성이 너무 큰 게 약점입니다." 슈나이더도 전반적으로 찬사를 보내지만 세부 사항에 대해서는 주의를 당부한다. "핸슨은 대단한 일을 했지만, 정확한 수치를 제시했으면 좋았을 겁니다. 1.8도가 더워질 때는 세계가 괜찮다가 2.2도 정도가 되면 종말이 오게 되지는 않습니다."

## 실행 가능한 해결책 추구

실제로 기후학자들 중에서는 핸슨 주장의 각론을 받아들이려는 사람이 거의 없지만, 이미 관측된 기후변화가 불길하다는 점에는 동의한다. 환경보호기금(Environmental Defense Fund) 회장 프레드 크루프(Fred Krupp)는 이렇게 말한다. "짐 핸슨 때문이 아니라, 산호초의 죽음과 남극 대륙빙하의 붕괴가 우리의 예상보다 더 빠르게 진행되고 있음을 목격하고 있기 때문에, $CO_2$를 현재 수준 이하로 안정시켜야 합니다."

이 평범한 경고 문구의 이면에는, 세계 인구가 계속 증가하고 있고 인도나 중국 같은 나라들이 선진국을 경제적으로 따라잡으려고 결심했기 때문에 $CO_2$ 배출 증가세를 누그러뜨리기가 그 자체로 매우 힘들다는 우려가 깔려 있다. 이러한 배출 증가세를 멈추기는 훨씬 더 힘들 것이고, 실제로는 대기의 $CO_2$ 양을 줄이기가 대체로 상상하기도 힘들어 보인다. 그렇지만 핸슨과 공저자들은 가능한 전략을 제시하고 있다. 핸슨은 말한다. "내가 생각할 수 있는 유일한 방법은 우선 2030년까지 석탄을 통한 $CO_2$ 배출을 완전히 없애는 겁니다." 그는 석탄이 화석연료 중에서 가장 큰 단일 탄소 저장소이고, 운행용 연료가 아니라 화력발전소에서만 사용하기 때문에 "수백만 개의 자동차 배기관이 아니라 몇 곳에서만도 배출을 막을 수 있다"고 말한다.

그와 그의 동료들은 석탄 기반의 탄소 배출을 0으로 만들기 위해서, 배출되는 $CO_2$가 굴뚝을 떠나기 전에 포집하는 기능을 갖추지 않는 한 새 발전소를 짓지 않기로, 세계가 지금부터 즉시 합의해야 한다고 제안한다. 그와 동시에, 기존의 발전소는 2030년까지 포집 기술로 개조하거나 점차 폐쇄해야 한다.

저자들의 말에 따르면, 두 번째 주요한 노력은 나무가 사라진 지역에 대규모 조림을 하는 것이다. 그들은 이렇게 썼다. "산림 파괴는 지난 수백 년 동안 $60\pm30$ppm의 순 배출 증가에 일조했으며, 그중 20ppm의 $CO_2$는 현재의 공기 중에 남아 있다." 그들은 산림을 다시 조성하면 잉여 이산화탄소와 그 이상을 흡수할 것이라고 주장한다. 그리고 마지막으로 그들은 '바이오숯(biochar)', 즉 농업 폐기물과 기타 유기물로 만드는 숯을 이용하기를 장려한다. 유기물을 연소시키거나 부패하도록 내버려두면 $CO_2$를 배출한다. 그래서 바이오숯이 되며, 이를 토양에 갈아 넣으면 두 가지 장점이 있다. 우선 이 원료는 매우 안정적이므로 최소한 몇 세기 동안 탄소를 격리 상태로 품는다. 두 번째로 바이오숯은 영양소를 흡수해서 새 작물이 사용할 수 있도록 저장하므로 토양이 더 비옥해진다. 그들은 이렇게 말한다. "화전식(slash-and-burn) 농업을 숯농법(slash-and-char)으로 바꾸면, 반세기 만에 $CO_2$를 최대 8ppm까지 줄일 수 있다." 더 많은 이론적 기술들을 통해서도 궁극적으로 대기 중 $CO_2$를 줄이고 탄산으로 모아둘 수 있을 것이다. 단 그 잠재적 규모나 비용은 아직 추측일 뿐이다.

하지만 가능성과 타당성은 별개의 문제이다. 핸슨과 그의 동료들은 로드맵을 만들었다. 가장 큰 규모의 탄소 배출 당사자들이 한꺼번에 이 모든 일에 손을 대기는 힘들 것이기 때문이다. 그들이 생각하는 계획은 모든 나라가 당장 동의하더라도 이행하는 데 수십 년이 걸릴 것이다. 과학자들은 이 과업이 "엄청나게 힘들지만 2차 세계대전에 투입한 노력에 비하면 실현 가능하다"고 인정한다. 슈나이더는 핸슨과 마찬가지로 대기의 탄소 증가로 초래되는 위험을 우려하지만 그보다는 덜 낙관적이다. 그는 "가능성이 없다"고 말한다. "없습니다. 전혀 없어요. 우리가 할 수 있는 최선의 목표는 450 또는 550ppm으로 기준치를 넘어선 이후 가급적 빠르게 다시 되돌리는 겁니다." 그리고 그렇게 하더라도 빠르고 효과적인 행동을 가로막는 정치적 장애를 극복하기가 힘들 것이다.

# 5-3 탄소 시장 운영

데이비드 빅터 · 대니 컬렌워드

앞으로의 한 세기 동안 인간이 지구의 기후를 걱정스러운 수준으로 온난화시킬 가능성은 높다. 대기 중 이산화탄소($CO_2$) 증가는 대부분 화석연료 연소에서 비롯되었지만, 더 청정한 에너지원을 개발하고 그 에너지원이 폭넓게 채택되기를 바라는 것 이상의 효과적인 해결책이 필요하다. $CO_2$와 그 밖의 기후를 변화시키는 온실가스 배출을 줄이기 위한 혁신적 기술과 실무를 채택하는 회사들에게 인센티브를 주고 제도와 전략, 특히 시장, 사업 규정, 정부 정책을 수립하는 것도 똑같이 중요할 것이다.

난관은 엄청나다. 전통적인 화석연료 에너지는 매우 풍부하고 저렴하기 때문에, 강력한 정책적 지원 없이 친환경적인 대체에너지가 수용되리라는 희망은 거의 없다. 안타깝게도 세계적으로 배출을 제한하는 협약을 체결하기 위한 거의 20년간의 협상은 불충분한 진전을 거뒀을 뿐이다. 하지만 대중이 기후 변화에 관심을 갖는 유럽과 다른 지역의 정책 입안자들은 지구의 탄소 소비를 억제하는 최선의 방법에 대해 교훈이 되는 방안을 끊임없이 도입해왔다.

역사적으로 다른 나라들보다 더 많은 $CO_2$를 배출해온 미국의 정책 입안자들은 유럽이 최근 시도한 노력들이 성공하거나 기대에 못 미친 과정들을 분석함으로써 특히 창의적으로 기능하는 탄소 감축 시장에 대해 배울 수 있다. 우리는 미국이 국가적 탄소 관리 시스템을 만드는 데 그러한 교훈을 적용하며, 여기에는 저탄소 에너지 혁신의 개발 및 응용을 촉진하는 시장 및 기타 인센티브를 수립하는 전략이 포함된다.

최근까지 지구의 기후를 보호하는 제도 수립에 관한 거의 모든 논쟁은 세계적 수준에 중점을 두었다. 기후변화를 유발하는 활동들은 세계적인 범위로 이루어지기 때문에 성공적인 기후 정책은 전적으로 국제 협약 체결에 달려 있다는 사회적 통념이 존재한다. 만약 국가의 정부들이 세계적인 협조를 하지 않고 단지 각자 행동한다면 업계는 그저 규정이 더 느슨한 곳으로 옮겨 갈 것이다.

이러한 세계주의 이론은 기후 문제에 대처하고 협약의 이행을 감독하는 기관을 창설하는 데 모든 국가가 선의를 가지고 참여하기를 요구한 1992년의 UN기후변화협약 협상의 바탕이 되었다. 이를 통해 기후변화 협약들을 제정하기 위한 더 많은 시도가 이루어졌고, 마침내 1997년 교토의정서(Kyoto Protocol)가 채택되었다. 교토의정서에서 (미국, EU, 일본, 러시아를 포함한) 산업화된 국가는 산업공해 배출을 1990년보다 평균 5퍼센트가량 낮은 수준으로 감축하기 위해 각국별로 최적화된 원칙에 합의했다. 하지만 개발도상국은 제한 없는 에너지 사용을 통한 경제 성장에 더 높은 우선순위를 두었으며, 배출 한도 규제를 받아들이지 않았다.

## 청정개발체계

교토의정서 조인국들은 현실적으로 개발도상국의 배출 통제를 강요할 수 없는 상황에서 청정개발체계(Clean Development Mechanism)라고 하는 절충안을 만들었다. 이 체제에서는 자체적인 온실가스 배출의 의무적 제한이 없는 국가들을 포함한 개발도상국에서 국제 투자자들이 탄소 배출을 감축하는 투자 프로젝트를 통해 탄소배출권(carbon credits)을 벌 수 있다. 따라서 엄격한 (그래서 비용이 드는) 배출 제한에 직면한 어느 영국 회사는 중국에서 풍력 터빈을 제작하는 데 투자할 수 있을 것이다. 그러면 이 영국 회사는 중국이 같은 양의 전기를 생산하기 위해 (중국에서 가장 흔한 에너지원인) 석탄을 태웠을 때의 '기본' 배출량과, 기본적으로 탄소 배출이 제로인 풍력발전소 사이의 차이를 배출권으로 쌓게 된다. 이를 통해 중국은 해외 투자와 에너지 기반 시설을 얻고, 영국 회사는 저렴한 비용으로 환경 의무를 충족시킬 수 있다. 산업화된 국가에 있는 회사들은 많은 경우 해외에서 배출권을 얻는 편이 본국에서 기존의 공장과 기반 시설에 신기술을 추가해 배출을 줄이는 것보다 비용이 덜든다.

청정개발체계 배출권 시장은 그 이후 규모가 폭발적으로 늘었고, 거래 규모는 세계의 온실가스 배출의 1퍼센트의 약 3분의 1인 연간 약 44억 달러 가치에 이른다.

교토의정서로 신속한 문서 합의가 이루어졌지만, 규제 의무가 가장 요구되는 산업화 국가들은 규제를 고르게 이행하지 못했다. 주요 국가들(주로 미국과 호주 및 캐나다)은 교토의정서를 꺼렸는데, 요구 사항을 따르는 데 드는 비용이 너무 많거나 정치적으로 불편하기 때문이었다. 그래서 지구온난화 문제에 관한 의정서의 전반적 영향은 그 잠재성에 도달하지 못했다. 모든 국가가 의무를 준수한다고 해도 그 효과는 미미했겠지만 말이다. 폭넓은 국제 협약들은 난관을 겪곤 한다. 왜냐하면 합의를 이뤄내기 위해서 열의가 거의 없는 참가자들의 이해관계를 반영하고, 통상 합의에 충실하지 않은 참가자들에게 쉬운 면책 조항을 제공하기 때문이다.

## 기후 정책 평가

의미 있는 세계적 목표를 정하기가 힘들기 때문에, 기후변화를 늦출 수 있는 국제적 시스템을 개발하는 일은 교토의정서가 채택된 지 거의 10년이 지난 이제야 시작 단계로서, 배출 규제에 가장 헌신적인 핵심 국가 그룹에서 효과적인 정책이 나오고 있다. 교토의정서에서 추구한 통합된 세계적 접근 방법과는 달리 모든 국가가 온실가스 배출을 통제하기 위해 각자 다른 전략을 공식화했다. 각국의 계획에 차이가 나는 것은 배출을 관리하기 위한 최선의 방법에 대한 각국의 깊은 이해와 정부의 능력 및 스타일이 크게 다르다는 점을 반영하는 것이다.

　EU 내에서 온실가스를 제한하려는 노력이 핵심인데, 그 이유는 미국이 교토의정서에서 빠짐으로써 EU가 종합적인 규제 계획을 따르는 가장 큰 정치 집단이 되었기 때문이다. 유럽의 시스템은 가장 강력한 제도, 그리고 가장 큰 규모의 배출권 거래가 그 특징이다. EU와 그 회원국들은 (주로 건물과 운송 분야에서 나오는) 총 배출의 55퍼센트에 대해 에너지 효율을 높이는 기존의 정책

을 확대했다. 이 규정에는 예컨대 자동차 회사들과 협상되고 곧 협약이 체결
될 자발적 차량 연료 경제 목표가 포함된다.

발전소를 비롯해서 '산업 배출' 생산자라고 정의되는 EU의 나머지 온실가
스 발생원은 수는 적으면서 대규모이기 때문에 통제하기가 더 쉽다. 이 사업
부문에서 유럽 규제 당국은 온실가스배출권거래제(emission trading scheme)
라고 하는 유럽 단위의 시장 구조를 계획했는데, 이 제도는 1990년대에 산성
비의 주된 요인인 아황산가스를 줄이는 데 성공한 미국의 프로그램을 모델로
한 배출권 거래 시스템이다. EU의 협약 아래 모든 정부는 산업공장들에 배출
권을 할당하며, 각 배출권은 이산화탄소 배출 허가량을 나타낸다. 이 배출권
은 주로 국가가 할당한 배출 상한치에 따라서 계산된 몇 가지 제한을 풀어주
고자 배출 당사자에게 주어진다. 그러면 회사들은 배출을 줄이고 재판매가 가
능한 추가 허용량을 버는 것이 저렴한지, 아니면 공개적인 시장에서 다른 회
사에게 배출 허가량을 구입하는 것이 저렴한지를 각자 결정한다. 회사와 정부
는 청정개발체계를 통해, 러시아와 다른 구동구권 국가들에서 배출권을 생산
하는 그와 비슷한 제도를 통해 배출권을 구매할 수도 있다.

배출 감소가 비용이 든다고 증명된다면 배출 허가 수요가 늘 것이고, 그러
면 가격이 오를 것이다. 그와는 반대로 $CO_2$ 배출을 줄이는 저비용 기술이 등
장하거나 경제 성장이 느려져서 업계의 가스 배출이 줄어든다면 가격이 떨어
질 것이다. 총 허용량을 제한함으로써 EU 규제 당국은 오염 수준을 유지하고
시장에서 가격이 결정된다. 새로운 유럽 시장의 시험 기간은 2005년부터 운

영되어 2007년 말에 끝난다.

탄소 시장 설립은 새로운 재산권 취득이 이루어지는 다른 시장과 마찬가지로 정치적 선택에 달려 있다. 정계 및 이해관계를 가진 업계는 이 문제에서 통상 세금보다 거래 시장을 요구하는데, 정치 시스템에서는 최대 배출권을 공짜로 주는 경향이 있기 때문이다. 반면 세금은 훨씬 많은 눈에 보이는 비용이 부과된다.

과거에는 몇몇 거래 체제에서 그 허가량을 경매로 팔았지만, 탄광업자와 석탄화력발전소 소유주 같은 '탄소 대기업(big carbon)'은 그러한 시도에 저항하는 기구를 만들고 있다. EU에서는 정부가 배출권 대부분을 기존의 배출 원인 제공자에게 공짜로 제공하기로 합의했고, 미국에서 제안된 기후 관련 입법들도 대부분 비슷한 지원이 필요할 것이다. (휴대전화 면허처럼) 정부가 민간 기업에 재산권을 분배해주는 다른 부문의 경우에는 당국이 경매 정책에 대해 그렇게 심각한 정치적 반대를 겪지 않았는데, 그 이유는 업계가 공유 재산을 이미 활용하고 있지 않기 때문이다. 반면 화석연료 업계에서는 오랫동안 온실가스를 자유롭게 배출해왔다. 오염물질 시장은 법적 명령에 의해 형성된 것으로서, 그 전에는 존재하지 않았던 귀중한 재산으로 지정되었다. 새로운 탄소 시장의 참가자는 배출권 할당 규칙의 공식에 따라서 배출권을 잃거나 얻게 된다. 이미 보유한 자산의 재산권 할당에 관해 말하자면, 경매가 아니라 정치적 영향력에 따라 지원이 이루어지는 것이 통례이다.

이 지원 중 일부는 정치적 처방인데, 그 이유는 그러한 지원이 시장을 여는

# 탄소 거래

2005년 2월에 발효된 교토의정서에 따라서 대부분의 산업화 국가들은 2008년에서 2012년 사이에 기존의 온실가스 배출 총량을 1990년 수치 대비 평균 5.2퍼센트 줄이기로 합의했다. 참가 정부들은 각자의 이산화탄소 배출 감소 목표가 있다.

탄소 거래는 기후변화에 대처하기 위한 시장 구조이다. 핵심 개념은 지구 전체의 관점에서 볼 때 $CO_2$가 발생하는 장소는 배출된 $CO_2$의 총량보다 덜 중요하다는 것이다. 새 탄소 시장에서는 국가별로 엄격하게 배출 감소를 강요하지 않는다. 대신 오염 유발자에게 자체 장비로 배출을 줄이는 데 비용을 들이든지, 아니면 $CO_2$를 배출한 뒤 대부분의 경우 비용이 더 낮은 개발도상국의 다른 오염 유발자로 하여금 배출을 줄이도록 하는 데 돈을 지불하게 한다. 이론상으로는 이런 방법을 적용함으로써 최소한의 비용으로 기후 온난화 가스 배출을 줄일 수 있다.

탄소 거래는 두 가지 방법으로 이루어진다. 한 가지는 배출을 제한하고 오염 유발자가 거래 가능한 배출권(즉 허가)을 받는 탄소배출권 거래 시장이다. 여기서 각 배출권은 톤 단위의 $CO_2$ 배출 허가량을 뜻한다. EU는 2005년에 거래 시스템을 만들었는데, 이는 유럽 국가들이 의무로 참가하는 배출권 거래제이다. 현재 EU의 시스템은 세계에서 가장 큰 탄소 시장이다.

탄소를 거래하는 두 번째 주된 방법은 배출을 보상하거나 상쇄하는 프로젝트를 통해 배출권을 얻는 것이다. 예를 들어 교토의정서의 청정개발체계에서는 산업화 국가들이 개발도상국의 저탄소 배출 프로젝트에 투자를 해서 배출권을 얻는다.

세계적 탄소 거래의 규모는 잘 파악되지 않는다. 왜냐하면 탄소 시장이 여전히 꽤 새롭고, 거래 자료를 쉽게 이용하기 힘들며, 몇 가지 거래 체제가 있기 때문이다. 그렇지만 세계은행(World Bank)은 2006년에 거래된 탄소의 가치가 약 300억 달러라고 추산한다.

예를 들어 A라는 회사는 한도를 초과해 배출했고 B라는 회사는 한도 미만으로 배출했다면, 회사 A는 회사 B에게 돈을 지불하고 남은 한도를 구입할 수 있다.

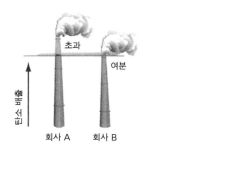
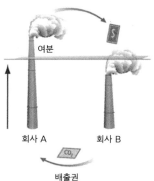

예를 들어 A라는 회사가 한도를 초과했을 경우, 교토의정서에 따르면, 회사 A는 개발도상국에서 탄소 저감 장치를 개발하는 회사 C의 프로젝트에 투자를 할 수 있다. 이는 선진국에서 탄소 저감 장치를 개발하는 것보다 더 적은 비용이 들 것이다. 회사 A는 이 투자를 통해 더 저렴하게 탄소 배출 한도를 살 수 있고, 회사 C는 필요한 투자 자금을 조달할 수 있다. 결과적으로 대기 중으로 배출되는 이산화탄소는 그만큼 줄어들게 된다.

일러스트 : Logan Parsons and Ann Sanderson

데 도움이 되고 그런 조치가 없으면 확실한 이해 당사자들이 예컨대 석탄 업계가 로비를 하듯 사업 진행을 막을 것이기 때문이다. 하지만 만약 모든 배출권이 공짜로 주어진다면 입지가 견고한 탄소 대기업과 낡은 기술들이 지구에 더 큰 위험이 될 것이다.

이러한 환경을 감안하면 EU 탄소 시장이 짧은 역사에서 몇 가지 초기 단계의 문제점을 겪은 것이 놀랍지 않다. 많은 경우에 각 정부가 고안한 허가량 할당 계획은 시한을 지나서 도착했고, 모든 오염물질 배출원을 포함하지 않았다. 하지만 가장 논란이 되는 측면은 정치가들이 주로 특정한 기업 또는 사업 부문을 선호하거나, 청정개발체계에서 획득한 저렴하고 문제가 있는 배출권을 시장에 퍼부어왔다는 것이다. 예를 들어 석탄 산업을 보호하려는 독일 정부는 석탄화력발전소에 너무 많은 공짜 배출권을 제공했다. 그리고 그러한 발전소의 소유주는 자신은 지불한 적이 없는 탄소 '비용'을 고객에게 부과했다. 네덜란드, 스페인, 영국 등의 다른 나라들에서도 비슷한 비리가 저질러졌다.

원칙적으로 EU는 각 정부의 배출권 할당을 검토해서 정부가 선호하는 회사가 불공정한 지원을 받는지 확인한다. 하지만 실제로는 회원국들이 정치적 카드의 대부분을 쥐고 있으면서 적당하다 싶을 때 주저하지 않고 그 카드를 꺼낸다. EU의 시스템은 이제 허가량을 가급적 5년마다 재할당하는 방안을 구상 중인데, 그러면 5년마다 새로운 지원이 제공될 테고 배출의 대부분을 유발하는 고탄소 기술을 도태시키기가 더 힘들어질 것이다.

성공적인 미국의 산성비 저감 프로그램은 역시나 거의 모든 배출권을 무료로 할당했지만, 핵심 규칙을 거의 20년 동안 안정적으로 유지했기 때문에 시장이 적절히 기능하기가 훨씬 더 쉬웠다.

EU는 배출 당사자, 브로커, 거래자가 탄소배출권의 수요와 공급에 관해 적시에 정확한 정보를 접하도록 보장하는 부분에서 문제에 직면했다. 배출 거래 체제의 시험 기간 중 시장의 혼란으로 처음에는 $CO_2$ 톤당 거의 40달러에 이르던 가격이 2007년에는 톤당 1달러까지 떨어지며 요동쳤다. 가치가 하락하자, 부적절하게 관리되는 중앙은행이 너무 많은 돈을 찍어내서 인플레이션을 유발할 수 있는 것과 마찬가지로, EU 정부들이 시장에 허가량을 과잉으로 공급했음이 분명해졌다. 이 문제에 맞서 EU는 다음 거래 기간(2008~2012년)에 규제의 나사를 더 조였고, 톤당 약 30달러가 되도록 했다.

## 세계적 시장 성장

EU의 경험은 모든 시장에서와 마찬가지로 거래 시스템이 저절로 생기지는 않는다는 것을 알려준다. 경제사학자들은 시장에 재산권을 할당하고, 행위를 모니터링하고, 규칙을 따르도록 강제하는 강력한 기본 제도가 필요하다고 판단했다. EU는 정확히 같은 산업 출처에서 배출하는 유황과 산화질소 같은 다른 오염물질을 오랫동안 추적해왔다. 또한 유럽의 행정법 체계는 효과적으로 규칙 준수를 강제하는 오랜 역사가 있다. 이러한 제도가 없다면 유럽의 배출권은 무가치해질 것이다.

제도와 지역 이해 당사자의 중심적인 역할을 보면, 왜 세계의 다른 부분들에서 여러 가지 탄소 거래 체계가 개발되었는지 설명이 된다. 실제로 세계의 탄소 시장은 교토의정서 같은 국제적 협약의 권한을 통한 하향식이 아닌 상향식으로 발전하고 있는데, 이는 진정한 세계적 시스템을 만들려면 아마 수십 년이 걸릴 것이라는 뜻이다.

미국의 배출 거래 규모를 감안할 때, 미국이 국가적 거래 시스템을 만든다면 싹트기 시작하는 세계적 탄소 시장에서 EU의 지배적 지위를 대신할 수 있을 것으로 보인다. 미국 시장이 정확히 어떻게 펼쳐질지는 시장 발전이 임기응변으로 이루어진다는 특성 때문에 예측하기가 복잡할 것이다. 연방 정부의 부족한 대책에 지친 북동부 및 서부의 몇 개 주들이 자체 탄소 거래 시스템을 만들려는 움직임을 보이고 있다. 하지만 연방 계획이 준비되었을 때 이들 주의 시스템이 그대로 살아남을지는 의심스러우며, 특히 발전업이 국가 전력망의 대부분에서 대체 가능하고 주 단위의 정책을 쉽게 받아들이지 않기 때문에 그렇다. 그렇지만 일부 주에서는 더 엄격한 규정을 유지할 텐데, 그러면 국가의 거래 시스템이 누더기가 될 수 있다.

### 주저하는 국가들에 대한 구애

한편 중국이나 인도같이 부상하는 나라들은 경제 성장에 우선순위를 두고 화석연료에 크게 의존하기 때문에 이 체계를 확대하는 데 가장 큰 장애가 된다. 이들 나라의 이산화탄소 배출은 이미 선진국 증가율의 약 세 배로 급증하고 있다. 개발도상국의 총 배출량은 10년 안에 서구의 산업화 국가들을 넘어설 것이다. 중국은 현재 세계에서 $CO_2$를 가장 많이 배출하는 국가이다. 뿐만 아니라 개발도상국의 경제는 낙후된 기술에 의존하는 경우가 많기 때문에 새로운 배출 통제를 적용한다면 적어도 이론상으로는 돈을 절약하는 기회가 된다.

저개발국에게 완전한 국제적 배출 거래 체계에 합류하라고 강요하는 것은 현명치 못하다. 경제적 제약을 우려하지만 미래의 배출 수준과 치유 비용이 불확실한 이들 나라는 성장을 위한 넉넉한 여유를 요구할 것이다. 선의로라도 그러한 전략에 동의한다면 그들에게 느슨한 배출 제한을 부여하게 될 테고, 그러면 잉여 허가량이 세계 시장에 쏟아져 나옴으로써 세계의 다른 곳에서 배출을 통제하려는 노력이 약화될 것이다.

청정개발체계에서는 이러한 나라들에게 거부당할 것이 뻔한 배출 제한을 채택하라고 강요하는 대신 이론상 개발도상국 중 실제 배출을 감축한 지역하고만 거래를 하도록 약정하는 절충안을 반영했다. 그리고 EU가 가장 큰 배출권 시장을 갖고 있기 때문에 청정개발체계의 가격이 EU의 가격에 수렴되었다.

## 시장 조종

하지만 이 개념은 사실상 모든 탄소 시장의 완전성에 그림자를 드리우는 어두운 측면의 청정개발체계를 지지하게 된다. 투자자들은 많은 프로젝트에서 기본 배출 가치를 파악하기 힘들다는 점을 깨달았다. 즉 새로운 프로젝트의 배출과 비교할 기본 온실가스 배출량 전망치 시나리오를 파악하기가 힘들다.

그래서 대신 그들은 실제로 온실가스 배출을 줄이는 에너지 시스템의 더 근본적인 변화를 추구하기보다 사후처리 기술(end-of-pipe technologies)이라고 하는 주변 기술을 설치하는 프로젝트에 중점을 두었다. 예를 들어 청정개발체계에서 유통되는 배출권의 약 3분의 1은 온실가스로서 $CO_2$보다 약 1만 2,000배 강한 생산 부산물인 트리플루오로메탄(trifluoromethane)*, 즉 HFC-23 한 가지 산업 가스만을 통제하는 것이 목표인 프로젝트들에서 생긴다.

*냉매와 소화약제 등에 쓰인다.

문제는 개발도상국에서 HFC-23 배출을 멈추기 위해 얼마나 최선을 다할 것인가이다. 그리고 산업화 국가들의 모든 공장에는 화학물질을 제거하는 저렴한 장치가 설비되어 있고, 일류 기업들은 이 기술을 관심 있는 모든 사람과 공유해왔다. 하지만 개발도상국의 제작사들은 이러한 설비 설치를 미루면 자신들의 기본 가치가 높게 유지될 수 있음을 파악했다. 그렇게 하면 그들은 유럽 수준의 높은 가격으로 청정개발체계의 배출권을 넉넉하게 얻게 되며, 이 가격은 남은 HFC-23을 위한 실제 시설 업그레이드 비용과 일치하지 않는다. 스탠퍼드대학교의 우리 동료인 변호사 마이클 와라(Michael Wara)에 따르면, 그럴 경우 HFC-23 제거 기술에 불과 1억 3,600만 달러가 소요되는데 이 프로젝트의 투자자는 2012년까지 최대 127억 달러의 수익을 얻을 것이라고 한다.

개발도상국에서 HFC-23과 그 밖의 산업 가스에 대처하는 더 나은 방법은 단지 필요한 장비를 위해 직접 돈을 지불하는 것이다. 성공적인 몬트리올의정

*오존층 파괴 물질을 규제하 기 위해 1987년에 채택되었다.

서(Montreal Protocol)에서는* 오존층을 보존하고 자 이 방법을 이용했다. EU는 교토의정서 아래 번거로운 위원회를 통해 정해지는 청정개발체계의 규칙에 따라 승인된 모든 배출권을 인정함으로써 청정개발체계의 대실패를 더 악화시켰다. 미국이 자체 탄소 시장을 만들 때는 참가자들이 청정개발체계나 그 밖의 상쇄 프로그램들에서 배출권을 얻을 수 있는지 여부를 관리하는 더 엄격한 규칙을 설정함으로써, 이러한 가짜 허가량을 시장에서 몰아내야 할 것이다.

개선된 청정개발체계로는 개발도상국들을 참여시키는 데 충분하지 않을 테고, 그들에게 배출 제한을 요구하면 역효과가 날 것이다. 더 효과적인 전략은 이들 나라의 기존 이해관계가 탄소 저감 목표와 일치하는 상황이 되도록 하는 것이다. 예를 들면 중국은 에너지 안보에 대한 우려 때문에 에너지 효율성을 높이는 움직임을 취했다. 분석가들은 타당한 정책 변화를 통해 2020년 대에 $CO_2$ 배출을 연간 10억 톤 줄일 수 있을 것이라고 본다. 한편 우리 연구 프로그램에서 한 계산에 따르면, 인도가 민간 핵발전소 프로그램 확대를 추진하는 경우 연간 최대 1억 5,000만 톤을 줄일 수 있을 것이다. 반면 교토의정서의 목표를 충족시키려는 EU의 전체적인 노력으로는 연간 약 2억 톤밖에 줄일 수 없고, 청정개발체계의 모든 프로젝트에서는 추가로 연간 최대 1억 7,000만 톤의 배출 저감이 이루어질 것이다.

## 5단계 계획

기후변화의 규모와 대응이 늦어질 때의 결과를 감안해서 우리는 더 효율적인 5단계 전략을 추천한다.

우선 미국은 온실가스 배출을 통제하기 위한 의무적 세금 정책을 수립해야 한다. 배출권 거래제 대신 단순히 $CO_2$ 배출 당사자에게 세금을 부과함으로써 정치성을 띠고 부패할 가능성이 있는 귀중한 재산권 할당 절차를 피할 수 있고, 장기적인 배출 제한 준수 비용이 투명해져서 업계가 더 효과적으로 계획을 수립할 수도 있을 것이다. 배출권 거래제의 가격 변동성이 크면 현명한 계획을 하는 데 지장이 된다.

두 번째로, 미 의회가 배출권 거래제 시스템을 선호한다면 배출권 가격 상한선을 정해서 업계가 준수 비용에 대해 다소의 확실성을 갖도록 하는 이른바 안전밸브(safety valve)라는 현명한 절충안을 만들어야 한다. (실제로 정부는 추가 배출권을 확정가로 공급하겠다고 약속함으로써 이를 달성할 수 있을 것이다.) 추가 배출권은 아마 총 배출량에는 거의 영향이 없을 테고, 반면 그 결과로 가격이 안정되면 상당한 경제적 이익이 생길 것이다. 기본적으로 거래 체계를 세금으로 바꾸는 이 가격은 충분히 높게 책정해서 방출 당사자에게 탄소 배출을 낮추는 기술과 실무에 투자해야 한다는 확실한 신호를 줄 수 있어야 한다. 어떤 배출권 거래제에서도 모든 배출권을 공개적으로 경매해야 한다는 점이 중요하다. 정치적으로는 핵심 이해집단에게 배출권의 일부분을 지원하는 조치가 필수적일 것이다. 하지만 우리 지구의 대기는 사용자들에게 그냥 주어서는 안 되는 공공 자원이다.

　세 번째 권고는, 산업화 국가들이 신흥 시장에 대처하기 위해 더 현명한 전략을 개발해야 한다는 것이다. 청정개발체계 배출권 구매자, 특히 EU와 일본은 이 체계의 집행위원회에 종합적인 개혁을 하도록 로비를 할 필요가 있다. 그들의 로비는, 만약 그들이 진정한 배출 저감을 수반하는 기본을 확실히 수립한 청정개발체계의 배출권이 자국 시장에 유입되지 못하도록 제한한다면 더 효과적일 것이다. 기후 정책을 계획하면서 미국은 그러한 배출권과 관련된 자체 규정을 더 엄격하게 만들어야 한다. 그리고 10여 개 이상의 최대 배출 당사자들은 개발도상국으로 하여금 탄소 배출 증가를 늦추게 하는(궁극적으로 줄이게 하는) 더 유연하고 효과적인 전략을 찾기 위해 교토 체제 밖에서 토론회를 소집해야 한다. 진지하게 참여하는 개발도상국에게는 각국의 상황에 맞춘 복잡한 정책 개혁 패키지가 필요하다. 이들 개혁은 좀처럼 통제하지 않는 환경부 관료가 아닌 재무부 및 산업부 장관이 이행해야 한다.

　네 번째로, 정부들은 시장 기반 가격 신호만으로는 문제를 해결하는 데 충분치 않다는 점을 인정해야 한다. 예를 들어 더 효율적인 에너지 사용을 독려하려면 더 높은 에너지 가격뿐만 아니라 장비 표준 및 권한도 필요한데, 왜냐하면 많은 에너지 사용자(특히 주거용 사용자)는 가격 신호에만도 잘 반응하지 못하기 때문이다. 정부들은 재생 가능 여부에 상관없이 모든 종류의 저탄소 전력 이용을 장려해야 한다.

　마지막으로, 정부들은 배출되는 $CO_2$를 안전하게 지하로 주입하는 첨단 석탄화력발전소 같은 신기술을 창안하고 적용하기 위해 능동적 전략을 채택해야 한다. 그러한 계획을 공식화하면 우리가 '가격의 역설'이라고 하는 현상에 직면할 것이다. 미국 전력연구소(Electric Power Research Institute)의 연구에 따르면, 현재 유럽의 탄소 가격을 미국에 적용한다면 대부분의 처리시설들에서 새 발전 기술을 자발적으로 설치하지 않을 것이다. 그리고 미국 대부분에서는 재래식 석탄화력발전소가 여전히 첨단 석탄 기술, 핵발전, 풍력발전, 천연가스 연소 터빈에 비해 더 저렴할 것이다. 탄소 가격이 $CO_2$ 톤당 약 40달러 이상으로 상승하면 신기술 채택이 더 장려되겠지만, 정치적 이유로 그럴 가능성은 적어 보인다. 그 해결책으로서 유용한 기술을 상용화하기 위한 특별 자금, 그리고 정부들이 새 발전소를 얼마나 규제할 것인지에 관한 불확실성같이 변화를 가로막는 요소들에 대한 주의 깊고 전면적인 재검토가 필요하다.

성공을 위해서는 세계가 이 다섯 가지 측면에서 진전을 이뤄야 한다. 과학과 기술을 바르게 이용할 필요가 있지만, 가장 큰 위험은 온실가스 배출을 줄이도록 독려하는 인간의 제도와 정책을 만드는 데 실패하는 것이다.

**6**

기후과학 이단자

## 6-1 논쟁 : 주디스 커리와 동료들 사이의 논쟁

마이클 르모닉

주디스 커리(Judith Curry) 현상을 이해하려 할 때는 두 가지 편안하고 익숙한 줄거리가 기본적으로 떠오른다.

경력 대부분 동안 조지아공과대학교 지구 및 대기 과학부의 학부장이었던 커리는 허리케인, 북극 얼음 활동, 그 밖의 기후 관련 주제들에 대한 연구로 알려져왔다. 하지만 2008년경 그녀는 많은 동료 과학자들을 짜증 나게 하거나 심지어 분노케 하면서 더 유명해졌다. 커리는 기후변화 회의론자 모임에 활발히 참여해왔는데, 주로 기후검사(Climate Audit), 대기배출(Air Vent), 블랙보드(Black!board) 같은 비과학자 블로그들이다. 그 과정에서 그녀는 기후학자들이 얼마나 저명한지에 상관없이, 그들이 과학에 의문을 제기하는 사람들에게 반응하는 방법에 의문을 갖게 되었다. 그녀는 회의론자 중 많은 수가 오래전에 논파된 비판들을 재활용하는 수준이지만 타당한 지적을 하는 사람들도 있고, 기후학자들이 좋고 나쁜 일들을 싸잡아서 이야기하는 바람에 과학을 개선할 기회를 놓칠 뿐만 아니라 대중에게 오만하다는 인상도 준다고 생각한다. "그래요, 기후변화 비판론에는 괴짜 이론들이 많습니다." 커리는 말한다. "하지만 모두가 그렇지는 않습니다. 우리는 집단사고에 너무 발목을 잡혀왔기 때문에, 회의론자들이 하는 말들 중 1퍼센트나 10퍼센트라도 옳다면 시간낭비가 아닙니다."

그녀는 가장 냉혹한 비판을 정부간기후변화위원회(IPCC)에 돌린다. 대부분의 기후학자는 UN이 후원하는 이 위원회가 5년마다 발간하는 주요 보고서들을 기후과학에 관한 합의로 여긴다. IPCC가 완벽하다고 주장할 학자들은 거의 없겠지만, 커리는 전면적 개혁이 필요하다고 생각한다. 그녀는 이 조직이 "부패했다"고 비난한다. "무작정 IPCC를 지지하지는 않을 겁니다. 그 과정을 확신하지 못하겠다고 느끼기 때문입니다."

총회나 회의실에서 신중하게 귓속말로 오가는 이러한 주장들은 여전히 발전하고 있는 과학 분야에서 자주 논쟁이 불거지는 과정의 일부라고 인정될 수도 있다. 2009년 후반에 이른바 기후게이트(Climategate)* 이메일을 해킹한 것과 같은 웹사이트들 중 일부에서 공개적으로 언급한 바에 따르면, 비판자들은 배신자로 간주되고 커리는 동료들로부터 '순진하다'에서부터 '특이하다'거나 최악의 경우는 '끔찍하다'는 욕설을 듣고 있다.

*이스트앵글리아대학교 기후 연구소의 이메일이 해킹되면서 발생한 파문. 기후학자들이 지구온난화를 날조했다는 음모론의 근거로서 내용 일부가 유포되었다.

이 모든 일은 두 가지 서로 대비되는 이야기를 만들고 있는데, 이들 주장은 적어도 표면적으로는 모두 타당하다. 첫 번째는 커리를 중재자로 묘사한다. 그렇게 말하는 사람들은 논쟁에서 공손함을 다소 회복하고 대중에게 유의미한 행동을 취하도록 독려할 수도 있다. 그녀는 동료들이 실수를 솔직히 인정하고 회의론자들을 정중히 대하도록 독려해서 생각의 일치를 얻어내기를 바란다.

두 번째 이야기는 그녀를 사기 피해자로 묘사한다. 그렇게 여기는 사람들은 그녀가 선의의 노력을 했지만 불에 기름을 끼얹었을 뿐이라고 본다. 이러한 관점으로 보면 회의론자들은 설득할 수 없는 사람들이기 때문에 그들과 상대하는 것이 무의미하다. 회의론자들은 총회나 학술논문에서 무언가를 내놓으려 하기보다, 대중에게 주장을 펼치고 개인 컴퓨터 계정을 해킹해서 이메일을 유포하면서 과학의 도리를 벗어났다.

이러한 관점 중 어느 쪽이 더 정확한가 하는 것은, 문제가 되는 과학 분야가 말하자면 우주론이거나 고생물학이거나 그 밖에 사람들의 삶에 실제 영향을 미치지 않는 분야였다면 큰 문제가 아닐 것이다. 하지만 기후과학은 분명히 그런 분야들과 다르다. 전문가들은 기후과학이 농업과 에너지 생산에 큰 변화를 가져올 것이고, 잠재적인 재난을 방지하는 부분에는 더 많은 영향이 있다는 데 폭넓게 동의한다.

이러한 맥락에서, 공개적 논쟁이 이루어지는 방법을 이해하는 것은 생존의 문제가 된다. 만일 사람들과 정부들이 진지한 행동을 취할 것이라면 지금이라야 하는데, 그 시기가 늦어진다면 거대한 기후변화를 피하기 위한 노력에 훨씬 큰 비용이 들고 달성하기도 힘들어지기 때문이다. 하지만 코펜하겐에서 2009년 12월에 있었던 COP15 기후 협상은 국가들이 온실가스 배출을 줄이기로 합의는 했지만 법적 구속력 없이 희석된 정책을 문서화하는 결과로 끝이 났다. 코펜하겐 회담 이후 미 상원은 배출 감소를 의무화하는 온건한 '배출권 거래제' 법안조차 통과시킬 수 없었다. 그리고 기후게이트 및 IPCC와 기후

과학 전반에 대한 광범위한 공격 이후 대중은 어느 때보다도 더 혼란스러울 지도 모른다. 커리가 사태를 개선하고 있을까, 악화시키고 있을까?

## 어두운 측면 보기

커리의 이야기는 2005년에 그녀가 공저자로 참여한 한 과학 논문에서 시작되었는데, 이 논문은 강력한 열대저기압의 증가를 지구온난화와 결부시키는 내용이었다. 이때 그녀는 기후변화 회의론 블로그들로부터 혹독한 공격을 받았다. 그들은 논문이 의존한 허리케인 현황, 특히 1970년 이전의 수치에 심각한 문제가 있으며, 그녀와 공저자들이 자연의 변동성을 충분히 계산에 넣지 못했다고 주장했다. 커리는 "이 논문을 쓸 때 대체로 이 문제들을 알고 있었다"면서, "하지만 비판자들은 이 문제들이 우리가 인식한 것보다 훨씬 더 크다고 주장했다"고 말한다.

그녀는 비판자들에게 꼭 동의하지는 않았지만, 많은 과학자들처럼 그들의 의견을 묵살하기보다 비판자들과 상대하기 시작했다. 커리는 "논문의 주 저자인 피터 웹스터(Peter J. Webster)가 회의론자들과 대화하면서 나를 지지했다"면서, "(2005년과 2006년에는 언쟁을 했던) 크리스 랜드시(Chris Landsea)와 지금은 매우 화기애애하게 교류하고 있고, 팻 마이클즈(Pat Michaels)와도 이 문제에 관해 논의를 한 바 있다"고 말한다. 회의론자들과 상대하는 과정에서 커리는 기후과학 기관들을 자주 비판하는 콜로라도대학교 환경연구 교수인 로저 피엘크 주니어(Roger Pielke, Jr.)가 운영하는 블로그, 그리고 통계학자인 스티브 매킨타이어(Steve McIntyre)가 운영하는 기후검사 블로그를 방문했다. 커리는 기후검사 블로그가 "내가 선택한 블로그가 되었는데, 그곳에서 매우 흥미로운 논의들을 발견했고 '아, 이 사람들은 [주류 기후과학 블로그인] 실제기후(RealClimate)를 통해 생각을 바꾸라고 설교할 대상이 아니라 내가 만나기를 원하는 사람들이구나'라는 생각이 들었기 때문이었다"고 덧붙인다.

커리가 기후과학 외부인들, 적어도 그중 일부를 존중하기 시작한 곳이 여기였다. 그리고 이곳에서 그녀는 몇 년 동안 IPCC를 무비판적으로 옹호했던 일을 다시 생각하게 되었다. 커리는 허리케인 논문 그 자체에서가 아니라, 더 폭넓게 IPCC 보고서가 기후변화에 관한 최선의 의견을 대표한다는 점을 의심 없이 받아들였다는 점에서 "내 스스로 집단사고에 빠져 있음을 깨달았다"고 말한다.

그녀는 이 복잡하고 다면적인 과학 분야의 상이한 맥락들을 수집하고 종합할 때 IPCC를 항상 신뢰했다고 말한다. 그녀는 "IPCC 실무 그룹의 1차 보고서를 90~95퍼센트 신뢰했다"고 진술하면서, 세 부분으로 구성된 이 보고서의 기본 과학 부분을 언급한다. 하지만 당시에도 그녀는 다소의 의심을 품었다. 그녀는 자신이 약간의 경험을 가진 구름과 바다 얼음의 영역에서 보고서의 저자들이 적절한 주의를 취하지 않았다고 느꼈다. 커리는 이렇게 말한다. "대기의 에어로졸[즉 구름 형성에 영향을 미치는 먼지와 매연 같은 미립자] 부분에서 내가 실제로 IPCC 3차 평가 보고서의 검토위원 중 한 명이었습니다. 그들의 관점이 너무 단순화되어 있다고 말했는데, 그들은 에어로졸이 빙

*얼음 결정의 입자들로 이루 어진 구름.

운(ice clouds)의* 핵형성에 미치는 영향은 언급 하지도 않았습니다. 내용이 잘못되었다는 정도는 아니지만, 무의식적인 무지와 과장된 확신이 담겨 있었습니다." 그녀는 그때 를 회고하며 "다른 분야의 전문가인 사람들과 한 배를 타보면 놀라운 느낌"이 라면서 웃는다.

2001년에 발표된 그 보고서에 참여한 과학자 수백 명 가운데 분명히 그와 같이 느낀 사람은 거의 없었고, 몇몇만이 자신들의 관점이 무시되었다고 주장 했다. 3차 평가 보고서는 어떤 한 과학자의 관점을 완벽히 반영하는 것이 불 가능하기는 했지만 말이다.

그렇지만 커리가 회의론자의 블로그들을 방문했을 때 접한 의문들은 (통 계학자, 기계공학자, 산업계의 컴퓨터 모델러가 포함된) 외부인들의 가장 엄밀한 지식에서 나온 것이었고, 그녀 자신의 우려감을 굳히는 데 일조했다. 그녀 는 자연과의충돌(Collide-a-Scape)이라는 기후 블로그에 게재된 한 인터뷰에 서 "IPCC의 과학자들이 틀렸다는 말이 아니라, 내 자신의 개인적 판단 대신 IPCC를 믿어야 한다는 의무감을 더 이상 느끼지 않는다는 것"이라고 말했다.

커리는 IPCC가 여러 가지 방법으로 "과학을 비튼다"고 여겨지는 다른 사례 를 찾기 시작했다. 예를 들어 그녀는 이렇게 말한다. "한 대형 기후 모델링 연 구소의 한 원로 리더는, 기후 모델러들이 자기들 시간의 80퍼센트를 IPCC 위 탁 작업에 소비하고 20퍼센트를 더 나은 기후 모델을 개발하는 데 사용하는 것 같다고 내게 말했습니다." 그녀는 또한 IPCC가 전문가 미심사 보고서를 승인하고, 종말이 임박했다는 기관 측의 '묘사'가 나오는 데 일익을 담당하는 상대적으로 검증되지 않은 과학자들을 고위직에 임명함으로써 자체 규정을 위반했다고 주장한다.

기후 회의론자들은 기후변화의 기본 과학에 대한 의문을 던지기 위해 커리의 진술을 이용했다. 따라서 그녀가 접한 그 무엇으로도 그녀가 과학에 의문을 제기하게 되지는 않았음을 강조해야겠다. 그녀는 여전히 지구가 더워지고 있으며, 이산화탄소를 포함해서 인간이 만들어낸 온실가스가 그 큰 원인이고, 타당한 최악의 시나리오는 재앙이 될 수도 있음을 의심하지 않는다. 그녀는 기후게이트 이메일이 사기의 증거이거나 IPCC가 거대한 국제적 음모의 일종이라고 믿지 않는다. 단지 주류 기후학계가 상아탑을 넘어서 내부자들은 잘못이 있을 수 없다고 간주되고 외부자들에게는 입성이 금지된 일종의 철옹성이 되었다고 믿을 뿐이다.

### 불확실성과 과학

IPCC와 개별 기후학자들을 비판하는 것은 커리만이 아니다. 기후게이트, IPCC 보고서의 빙하 해빙에 관한 오류, IPCC 의장 라젠드라 파차우리가 포함된 이해 당사자들 간의 갈등 혐의가 있은 뒤로 UN에서부터 영국 정부와 미주 및 유럽의 개별 대학교들에 이르는 조직들이 조사에 착수했다. 하지만 미국국립과학원의 일부로서 조사에 가장 중요한 기관인 국제학술위원회(InterAcademy Council, IAC)와 그에 상응하는 전 세계 기관들의 조사를 포함해서 어느 누구도 과학적 사기의 증거를 찾지 못했다. 큰 오류나 왜곡이 발견되지는 않았지만 IPCC가 운영 절차를 시대에 맞게 적절히 바꾸지 못했고 경우에 따라 자체 규정을 엄격히 집행하지 않았다고, IAC는 보고했다.

자극적인 단어들을 제외하면, 커리가 우려하는 주요 이슈는 기후과학을 기후 정책으로 변환하는 데 있어서 핵심 문제가 되기도 하는 것 같다. 대중은 대체로 기후가 온난화되고 있는지, 얼마나, 그리고 언제 그렇게 되는지, 그 영향이 얼마나 나쁠지를 알고 싶어 한다. 하지만 과학자들이 논문과 총회에서 제시하는 답변들의 표현에서는 외견상 신뢰구간(confidence intervals)과* 확률을 모호하게 이야기한다. 이 문제가 정치적 사안이라는 특징이 있

*통계학에서 쓰이는 신뢰도의 범위.

기 때문에, 일부 과학자들은 "미국 사람들에게 저질러진 가장 큰 거짓말"이라는 발언을 한 오클라호마 주 상원의원 제임스 인호프(James Inhofe)와 그 밖의 정치적으로 동기화된 회의론자들이 기후학자 전체에 대해서 (과학자들은 아무것도 모르기 때문에 아는 게 아무것도 없다고) 과장된 언사를 계속할 것이라는 두려움으로 대중에게 '불확실성'에 대해서는 그 무엇도 언급하기를 꺼리게 된 것 같다.

불확실성은 과거의 기후 데이터와 미래의 기후 예측 모델 모두에 존재한다. 커리는 과학자들이 계산을 할 때 불확실성을 적절히 처리하지 않았고, 이 분야의 가장 기본적인 수치도 정확히 몰랐다고 주장한다. 그 수치란 $CO_2$의 기후 촉매, 즉 해빙, 수증기 증가, 그 밖의 10여 가지 요소의 증폭 및 경감 효

과 없이 $CO_2$가 두 배가 되는 것만으로 유발될 온난화의 정도를 말한다.

그녀는 이들 피드백 요소를 향후 한 세기 동안의 기온 상승을 예측하는 데 추가하면 불확실성이 더 악화되는데, 그 이유는 이들 피드백에도 불확실성이 가득하기 때문이라고 말한다. "어떻게 계량화해야 하는지도 모르지만 신뢰수준에 변수로 반영해야 하는 수많은 알려지지 않은 무지가 있습니다." 그녀가 인용하는 한 가지 예는 현재의 기온이 수백 년 중에 가장 덥다는 것을 보여주는 '하키 스틱' 모양의 차트이다. 올해나 이번 10년이 가장 덥다고 말하려면 수백 년 동안 기온이 어떠했는지를 잘 알아야 한다. 그리고 커리는 많은 회의론자와 마찬가지로 우리가 실제로는 그 부분을 학계에서 그렇다고 믿는 것만큼 잘 알지는 못한다고 생각한다.

많은 기후학자는 이 불만이 불공정하다고 여긴다. 학자들은 IPCC가 불확실성에 관해 줄곧 솔직한 입장이었고, 보고서들에서는 지식이 부족한 영역을 분명히 제시한다고 말한다. '얼마나 더워질 것인가?'라든가 '해수면이 얼마나 상승할 것인가?' 같은 질문에 평면적으로 답한다면 과학적으로 무책임한 일일 것이다. 전문가들은 그 대신 예상 범위와 신뢰구간 등을 알려준다. 더 중요한 점으로서, 다른 과학자들은 최종 계산에서 이 불확실성이 얼마나 큰지에 대해 커리와 의견이 다르다. 스탠퍼드대학교의 스티븐 슈나이더는 별세하기 직전에 한 대화에서, 물론 기후과학의 가장 기본적인 수치가 정확히 알려지지 않았다고 동의했다. 하지만 불과 몇 퍼센트의 불확실성일 뿐이고, 예측치가 크게 왜곡될 정도는 아니다. 다른 효과들, 이를테면 구름이 온난화를 가속할지 지연시킬지 하는 것은 훨씬 더 불확실하다. 그에 대해서 슈나이더 같은 사람들은 그러한 정확성 부족이 IPCC가 의도적으로 계획한 것이라고 지적한다. (슈나이더는 10년 전 IPCC에게 불확실성에 관한 논의를 체계화하라고 설득한 사람 중 한 명이다.) 그녀를 비판하는 사람들은 그래서 커리의 비난이 오해라고 말한다. 슈나이더는 "우리는 요즈음 커리에게서 오류를 많이 보아왔다"고 말했다. "그처럼 좋은 과학자가 그런 엉성한 생각에 의지하는 모습을 보는 것은 솔직히 충격적입니다. 설명이 안 됩니다."

하지만 엉성함은 한쪽만의 문제가 아니다. IAC 위원단은 전반적으로 IPCC를 존중하는 조사 결과를 내놓았지만, IPCC가 불확실성을 다룬 방법에는 문제가 있었다. 프린스턴대학교 총장을 역임한 IAC 위원단장 해럴드 샤피로(Harold Shapiro)는 "그들이 정책 수립가들과 불확실성의 수준을 어떻게 소통하는가 하는 문제를 매우 주의 깊게 검토했다"고 말한다. "복합적이었습니다. 때로는 잘했지만 어떤 때는 그렇게 잘하지 못했습니다. 증거가 매우 부족한데도 결과를 매우 신뢰한다는 진술들이 이루어진 적이 있고, 어떤 때는 오류를 입증할 수 없다는 진술도 있었습니다." 틀렸다고 입증할 수 없다는 진술은 통상 과학적 기준으로 간주되지 않는다.

하지만 커리는 최소한 한 가지 측면에서 동료 과학자들과 공감했다. 대중은 과학의 불확실성이라는 것이 무지와 같은 것은 아님을 이해해야 한다. 불확실성이란 개념은 알 수 없는 것을 계량화하기 위한 방법이다. 커리는 기후 정책에서 가장 중요하고 어려운 문제 중 하나에 관해서, 지식에 공백이 있더라도 과학이 무언가 타당한 말을 할 수 있을 정도의 대화를 시작하려고 했다. 펜실베이니아주립대학교의 통계학자 크리스 포레스트(Chris E. Forest)는 "확률론과 확률분포의 언어로 대화를 할 수 없다면 가능성, 주사위 굴리기, 회전 룰렛 같은 개념에 의지해야 한다"고 말한다. 그리고 그는 기후가 복잡하기 때문에, IPCC 보고서의 '가능한(likely)'과 '매우 가능한(very likely)'이라는 용어는 여러 개의 룰렛을 동시에 돌리거나 여러 개의 주사위를 한꺼번에 굴리는 것에 해당하며 서로가 상호작용을 한다고 덧붙인다. 과학자들이 통계학 용어를 알아듣기 쉬운 말로 바꿀 때는 어쩔 수 없이 이를 지나치게 단순화하게 되는데, 그러면 뉘앙스를 얼버무린다는 인상을 준다. 그래서 대중은 기후 이론의 단순화된 버전을 접하게 되고, 이처럼 단순화된 설명은 반박하기가 쉬워진다는 것이다.

대중을 위한 중요한 교훈은 불확실성이 양면적이라는 점이다. 과학이 불확실하다고 말할 때는, 예측에 비해 상황이 더 장밋빛으로 판명될 수도 있지만 더 나쁘다고 판명될 수도 있다는 뜻이다. 해수면 상승 예측이 좋은 예이다. 빙하학자는 기온이 올라가면 그린란드와 남극을 덮고 있는 두꺼운 얼음층이 얼마나 빠르게 녹고 얼마나 더 많은 물이 생겨서 해수면이 상승할지를 쉽게 추산할 수 있다. 하지만 온난화는 빙하가 대륙빙하에서 바다로 흘러 빙산이 되는 속도에도 영향을 미치는데, 대륙빙하가 바다로 흘러 들어가는 그 자체로도 해수면이 상승된다. 이 효과를 예측하기는 더 까다롭다. 커리는 실제로 "이를 계량화할 방법을 모르기 때문에 우리 모델에 포함시키지도 않는다. 하지만 그런 현상이 있고, 아마도 영향이 있을 것임은 안다"고 말한다.

누군가는 커리의 전반적인 비판 때문에 IPCC의 2007년 4차 평가 보고서에서 대륙빙하에 관한 그러한 불확실성을 덮어버리는 대신 그것을 명시하게 되었다고 생각할지도 모른다. 특히 이 보고서는 세기말까지 해수면이 0.18~0.59미터 상승하리라 예측하지만 빙하의 흐름으로 인한 상승 가능성은 분명히 배제하고 있다. 보고서는 그러한 상승분이 있을 수 있지만 그 정도를 추산할 당시에는 정보가 부족했기 때문에 배제한 것이라고 설명한다. 보고서가 나온 이후의 새 연구에서는 얼음의 움직임에 따라 어떤 일이 벌어질지를 더 잘 보여주었다. (단 연구의 저자들은 그 예측에 여전히 상당한 불확실성이 남았다고 주의를 주기는 했지만 말이다.) 그 연구에서는 원래의 예측이 너무 온건했을지도 모른다는 점이 드러났다.

기후의 다른 측면들에서도 마찬가지일 수 있다. 커리는 "타당한 최악의 시나리오는 우리가 지금 보고 있는 것보다 더 나쁠 수도 있다"고 말한다. 그녀는 $CO_2$가 두 배가 되는 데 따른 기온 상승은 "1도가 될 수 있다. 10도가 될 수도 있다. 이 점을 알리고서 모든 시나리오를 대비한 정책 방안들을 개발하고, 그 모든 방안의 비용효율 분석을 하고, 그다음에 타당한 방안을 선택하자"고 말한다.

### 피해를 끼치다

커리가 소동을 일으켰음에는 의심의 여지가 없다. 인호프 상원의원의 보좌관을 역임했고 기후창고(Climate Depot)라는 회의론 블로그를 만든 마크 모라노(Marc Morano)를 비롯해, 가장 혹독한 회의론자들이 그녀를 자주 인용한다. 회의론자뿐만이 아니다. 뉴욕타임스에서 오랫동안 환경 기자로 일해온 앤드류 레브킨(Andrew C. Revkin)은, 자신의 점만한지구(Dot Earth) 블로그에서 여러 번 커리에게 크게 경의를 표한다. 투쟁적이지만 공정하게 자연과의충돌 블로그를 운영하는 케이스 클로어(Keith Kloor)도 있다.

과학자들은 커리가 그처럼 대중에게 노출되면서 지난 20년간 쌓아온 기후변화에 대한 합의에 피해를 끼칠 힘을 갖게 되는 상황을 우려한다. 학자들은 회의론자들에게 이기려고 노력할 이유가 없다고 본다. 뉴욕에 있는 NASA 고다드우주연구소의 기후학자이자 실제기후 블로그 운영자인 개빈 슈미트는 이렇게 말한다. "과학은 정치적 운동이 아닙니다. 우리는 모두의 친한 친구가 되려 하지도, 모든 아기를 예뻐하려 하지도 않습니다."

피해가 회의론자들의 비판 때문에 생긴다고 하는데, 이는 커리가 보기에 미심쩍으며, 피해의 대부분은 학계가 회의론자들에게 대응하는 데서 생긴다. 즉 악성 독감이 바이러스 때문이 아니라 면역체계의 격렬한 과잉반응에서 발병하는 것과 마찬가지다. 커리는 자신이 그 희생자이며, 발전하려는 노력을 동료들이 냉대했다는 입장을 표명한다. (단 그녀는 직업적 피해는 입지 않았으며 논문을 계속 발표하고 있다고 덧붙인다.) 매킨타이어는 "그녀는 기후학계에서 크게 비판을 받아왔다"면서, "[외부인들과 대화하지 말라는] 율법을 지키지 않았기 때문"이라고 말한다.

　일부 객관적인 해설자들도 그에 동의한다. 잉글랜드 엑서터대학교의 조직 심리학 전문가 알렉산더 하슬람(S. Alexander Haslam)도 그중 한 명이다. 그는 기후학계가 오래된 검은 양 신드롬에 빠져 있다고 말한다. 이는 한 집단의 일원들이 외부자로부터 공개적 비판을 받는 경우 그에 따른 가장 큰 분노를 외부자의 편을 드는 내부자에게 돌리는 현상을 말한다. 하슬람은 과학자들이 커리에게 집단 따돌림을 가함으로써, 그녀가 권력에 저항해 진실을 말하는 일종의 고발자라는 명성을 높여주고 있을 뿐이라고 말한다. 그녀가 상당히 틀렸다 할지라도 커리를 그저 골칫거리나 방해물로 취급하는 것은 기후학자들의 이익에도 맞지 않는다. 하슬람은 "그녀가 하는 비판은 해롭다고 생각한다"고 말한다. "하지만 어느 정도는 모든 과학이 이러한 정치적 역학의 성격을 가졌음을 인정하지 못한 결과입니다."

　어떻게 보면 중재자와 사기 피해자라는, 주디스 커리에 관한 두 가지의 대립된 이야기 모두가 진실이다. 기후학자들은 정치적 동기를 가진 마녀사냥 식 공격에 시달린다고 느끼고 있는데, 그렇게 격한 상황에서 커리가 시도한 일은 당연히 반역죄처럼 느껴질 것이다. 특히 회의론자들이 그녀를 자신들이 늘 옳다는 증거로 삼기 때문에 더욱 그렇다. 하지만 커리와 회의론자들도 불만을 가질 이유가 있다. 그들은 자신들의 주장이 얼마나 가치 있는지에 상관없이 모두가 괴짜로 싸잡아 매도되어왔다고 느낀다. 모든 일은 정치적 먹잇감이 되었고 데이터의 세부 사항, 방법론, 결론에 대한 일반적인 내부자 논쟁이 될 수도 있는 일들이 과격해졌다. 모두가 서로를 저격하는 일을 멈추리라고 기대하기는 아마도 현실적으로 어렵겠지만, 사안의 중대성을 본다면 잡음이 아닌 과학 자체에 중점을 두는 것이 중요하다.

## 6-2 기후 반대론자의 난센스에 대한 7가지 답변

존 레니

코펜하겐에서 UN지구온난화 총회가 열리던 2009년 11월 18일, 오클라호마 주 공화당 상원의원 제임스 인호프는 상원 연설에서 2009년을 '회의론의 해'라고 선언했다. 인호프의 연설이 공평하고 합리적인 탐구, 과학적 사고에 대한 존중, 그리고 유령, 점성술, 창조론, 민간요법에 대한 근거 있는 의심을 하겠다는 새로운 약속이었다면 환호를 불러왔을지도 모른다. 하지만 인호프는 회의론의 정의를 더 좁게 생각했다. 그의 말은 "지구온난화에 대한 기우(杞憂) 이면의 과학, 비용, 그리고 히스테리를 견디고 폭로한다"는 의미였다.

학계 내부와 그 밖에 인공적인 기후변화를 우려하는 사람들은 인호프가 회의론자라고 부르는 사람들에게 반골, 반대론자, 거부자라는 표현을 더 보편적으로 쓴다. 물론 기후변화 과학에 의문을 제기하는 사람들 모두에게 그러한 묘사가 맞지는 않는다. 어떤 사람들은 정말로 사실을 모르거나 학자들의 해석에 순수하게 동의하지 않는다. 진짜 반대론자가 다른 점은 문제에 대한 행동의 필요성을 부정하는 데 꾸준히 헌신하며, 많은 경우 지구온난화의 기본 과학에서 알려진 약점에 대해서 빈약하고 오래전에 틀렸음이 입증된 주장을 내세운다는 것이다.

아래에 반대론자들의 몇몇 서툰 주장을 제시하고, 그에 대해 약간의 간단한 반박을 해본다.

주장 1 : 인공적으로 배출된 $CO_2$는 기후를 변화시키지 못하는데, 왜냐하면 $CO_2$는 대기에 미량만 존재하는 기체이고 인간이 만들어낸 양은 화산과 기타 자연적 원인으로 생기는 양에 비해 보잘것없기 때문이다. 수증기가 단연 가장 중요한 온실가스이므로 $CO_2$ 변화는 기후변화와 무관하다.

$CO_2$는 대기에서 0.04퍼센트만을 차지하지만, 수치가 적다는 것은 기후 역학의 중요성과 무관하다. 물리학자인 존 틴달(John Tyndall)이 1859년에 실증했듯이, 그 정도로 낮은 농도에서도 $CO_2$는 적외선 복사를 흡수하고 온실가스 역할을 한다. 화학자인 스반테 아레니우스는 1896년에 연구를 더 진전시켜서, $CO_2$가 기후에 미치는 영향을 추산했다. 공들여 계산한 끝에 그는 $CO_2$의 농도가 두 배가 되면 기온이 거의 섭씨 6도가 오르리라는 결론을 내렸다. 이는 최근의 훨씬 철저한 계산을 통해 나온 결과에서 크게 벗어나지 않는다.

반대론의 주장과는 달리, 인간의 활동이 현재까지 관측된 대기 중 $CO_2$ 증가에 가장 큰 역할을 한다. 미 지질연구소에 따르면, 인공적 $CO_2$의 양은 연간 약 300억 톤에 달하며 이는 화산에서 배출되는 양보다 최대 130배 이상 많은 수치이다. 대기로 배출되는 $CO_2$의 95퍼센트가 자연적인 것임은 맞지만, 식물 성장과 해양으로의 흡수 같은 자연적 과정을 통해 $CO_2$가 대기에서 다시 줄어들어서 자연적 배출이 거의 정확히 상쇄되고, 인간이 추가한 만큼만 순잉여 분량이 된다. 또한 공기 중 탄소동위원소의 변화율 분석을 포함한 몇 가지 형태의 실험 측정에서도, 화석연료 연소와 산림 파괴가 $CO_2$ 수준이 1832년 이후로 284ppm에서 388ppm으로 35퍼센트 증가하는 데 주요하게 작용한 원인이라는 것이 확인된다. 이는 수백만 년 만에 나타난 가장 높은 수준의 급등 현상이다.

반대론자들은 $CO_2$가 아닌 수증기가 가장 풍부하고 강력한 온실가스라고 이의를 제기하는 경우가 많다. 그리고 그들은 기후학자들이 그 부분을 기후 모델에서 일상적으로 배제한다고 주장한다. 하지만 기후학자들이 수증기를 기후 모델에서 배제한다는 것은 그저 사실이 아니다. 아레니우스 당시부터 기후학자들은 수증기를 모델에 포함시켜왔다. 실제로 수증기는 $CO_2$ 증가가 기후에 그렇게 큰 영향을 미치는 원인이 된다. $CO_2$는 약간의 적외선 파장을 흡수하고 수증기에서는 그렇지 않는데, 이 점만으로도 대기에 열이 추가된다. 기온이 상승하면 더 많은 수증기가 대기로 들어가고 $CO_2$의 온실가스 효과가 배가된다. IPCC는 수증기가 "추가적인 $CO_2$에서 생기는 온실가스 효과만도 약 두 배로 늘릴 수 있다"고 설명한다.

그렇지만 이 역학에 입각하더라도 $CO_2$는 여전히 온실가스 효과의 주된 원인이며, 기후학자들은 이를 '촉매(forcing)'라고 부른다. NASA의 기후학자인 개빈 슈미트가 설명한 바에 따르면, 수증기는 $CO_2$보다 더 빠르게 대기 속으로 들어오고 나가며 상대습도를 꽤 일정하게 유지하는 경향이 있어서 수증기의 온실가스 효과는 사라진다고 한다. 따라서 기후학자들은 수증기를 촉매 요소가 아닌 피드백으로 분류한다. 즉 기후 모델에서 수증기를 본 적이 없는 반대론자는 잘못된 부분을 찾고 있는 것이다.

CO$_2$의 온실가스 효과는 무시할 수 없기 때문에, 현재의 지구온난화가 자연적이라고 설명하면서 버티는 반대론자들은 그들의 시나리오에서 CO$_2$가 문제를 악화시키지 않는 이유를 설명해야 한다.

주장 2 : 지난 1,600년간의 '하키 스틱형' 기온 그래프는 틀렸음이 입증되었다. 이 그래프는 지금보다 더 더웠던 서기 1000년경 '중세 온난기(medieval warm period)'의 존재조차 인정하지 않는다. 따라서 지구온난화는 신화이다.

마이클 만(Michael E. Mann)과 그의 동료들이 1998년부터 복원한 역사적 기온의 결함을 반대론자들이 과장하는 것, 그리고 기후변화의 사례에 대한 그들의 주장이 결국 무의미한 것, 둘 중 어느 쪽이 더 큰 문제인지는 말하기 힘들다.

우선 역사적 기온은 단순히 한 가지 대표 데이터만을 이용해서 한 가지 하키 스틱 모양만으로 복원되지 않았다. 여러 지역에서 빙핵, 나이테, 그 밖에 직접 측정하는 대표적 증거들을 조사하는 과정에서 지난 몇 세기 동안 기온이 급격히 상승하고 있다는 비슷한 증거들이 독립적으로 나타났다. 자료들마다 편차는 있지만, 지구가 급격히 더워지고 있다는 근거가 된다.

미 학술연구원(National Research Council, NRC)이 2006년에 증거들을 검토했더니 "높은 수준의 신뢰성으로 20세기의 지난 수십 년 동안 지구의 평균 표면 온도가 이전 4세기의 비교 대상 기간에 비해 더 높다"는 결론이 나왔는데, 이는 가장 의미 있는 현재의 기후 동향 그래프이다. 이 보고서는 서기 900년 이전 데이터의 신뢰성은 낮게 보았지만 자료들이 여전히 '타당하다'고 인정했다. 따라서 20세기와 비교할 수 있는 기온을 나타낸 유럽과 아시아의 중세 온난기는 비슷한 정도로 타당하되, 지역적 현상이었을지도 모른다. 보고서는 "온난화의 규모와 지리적 범위는 불확실하다"고 지적했다. 그리고 만과 그의 동료들이 발표한 새로운 연구 논문은, 중세 온난기와 1400~1700년의 '소(小)빙하기'는 모두 지금은 발생하지 않는 햇빛의 변화와 그 밖의 자연적 요소 때문이었음을 확인하는 것으로 보인다.

NRC 검토가 발표된 후, 공식적으로 전문가 검토는 거치지 않았지만 네 명의 통계학자가 수행한 웨그먼(Wegman) 보고서라는 또 다른 분석은 하키 스틱 논문에 더 비판적이었다. 하지만 이 분석에서는 데이터 오류를 보정하더라도 하키 스틱형 그래프의 형태에 큰 변화는 없다고 지적했다. 2008년에 만과 그의 동료들은 수정판 기온 복원 논문을 발표했는데, 결론은 기존과 같았다.

하지만 만약 하키 스틱 추세가 틀렸다고 판명된다 하더라도… 그게 어쨌단 말인가? 인공적 지구온난화의 사례는 기후 역학에서 유래한 것이지, 현재 원인을 찾는 중인 과거 기온의 복원에서 나온 결론이 아니다. 현재의 온난화 추세에 관한 경고는 만이 하키 스틱 그래프를 발표하기 여러 해 전에 나왔다. 세계가 논쟁의 여지 없이 1,000년 전이 더 더웠다고 하더라도, 현재의 온난화 문제를 자연적 요소보다 최근의 빠른 $CO_2$ 증가로 설명하는 편이 더 신빙성 있다는 사실은 변하지 않는다. 그리고 어떠한 자연적 요소도 앞으로 몇 년 동안의 온난화를 상쇄할 수는 없을 것으로 보인다.

주장 3 : 지구온난화는 10년 전에 끝났다. 지구는 그 이후로 추워지고 있다.

영국 기상청 해들리센터(Hadley Centre)의 기록으로는 1998년이 세계에서 가장 더웠다. 최근 몇 년은 더 추웠다. 따라서 이전 세기의 지구온난화 추세는 끝났다. 그럴까?

통계에 약간만 익숙한 사람이라도 그 주장의 약점을 간파할 수 있을 것이다. 기후학자들은 온난화 추세의 기간, 예상된 상승률과 관측된 상승률의 변동성, 기온 측정 및 예보에서의 불확실성의 범위를 볼 때, 온난화가 10년 동안 약간 중단된 정도는 패턴이 깨졌음을 입증하기에 너무 작은 편차라고 말한다.

AP통신사 기자인 세스 보렌슈타인(Seth Borenstein)은 네 명의 개별적인 통계학자들에게 기온 자료 세트의 수치가 무엇을 의미하는지 말해주지 않은 채 그 자료를 봐달라고 요청했다. 그는 "전문가들은 실제 기온 하락은 없음을 발견했다"고 썼다.

만약 지구온난화의 소강상태가 10년 더 계속된다면 반대론자들의 주장이 입증될까? 반드시 그렇지는 않다. 기후란 복잡하기 때문이다. 한 예로 독일 라이프니츠해양과학연구소(Leibniz Institute of Marine Sciences)의 모집 라티프(Mojib Latif)와 그의 동료들은 2008년에 논문을 발표했는데, 북반구 일부의 해양 순환 패턴이 냉각 기간을 초래했을 수도 있으나 장기적으로는 온난화가 여전히 유효하다는 내용이었다. 기본적으로 온난화를 뒷받침하는 풍부한 증거에 저항해온 반대론자들은 그 반대의 징후만 나타내는 증거에 너무 일찍 관심을 가져서는 안 된다.

주장 4 : 태양이나 우주선이 지구온난화의 실제 원인일 가능성이 훨씬 더 크다. 어쨌든 화성 역시 더워지고 있다.

천문학적 현상은 기후를 이해하려 할 때 분명히 고려해야 하는 자연적 요소이며, 특히 태양의 밝기와 상세한 지구 궤도를 감안해야 한다. 왜냐하면 이들 요소가 산업사회 발달 이전의 빙하기와 그 밖의 기후변화를 초래한 주된 원인이었기 때문이다. 따라서 기후학자들은 이들 요소를 기후 모델에 반영한다. 하지만 최근의 온난화를 자연적 주기의 탓으로 돌리기를 원하는 반대론자들이 반박을 하기에는, 관측된 지구 기온 상승을 설명할 수 있을 만큼의 추가적인 태양 에너지가 지구에 도달한다는 증거가 충분하지 않다.

IPCC는 1750년에서 2005년 사이에 태양의 복사 촉매(radiative forcing) 수치가 제곱미터당 0.12와트 늘었다고 하는데, 이는 인간 활동에 따른 순촉매 수치(제곱미터당 1.6와트)의 10분의 1도 안 된다. 이러한 비교의 가장 큰 불확실성은 대기 에어로졸의 효과 추산치인데, 에어로졸은 지구를 그늘지게 할 수도 있고 덥게 만들 수도 있다. 하지만 이 추산에서 최대한의 불확실성을 인정한다 하더라도, 인간이 기후에 미치는 영향의 증가가 태양의 변동성을 능가한다.

뿐만 아니라 $CO_2$와 기타 온실가스의 효과가 태양이 유발하는 온난화를 증폭시킨다는 점을 기억해야 한다. 지구온난화를 태양 탓으로 돌리려는 반대론자들은 단순히 태양 빛의 동향을 들먹이기만 해서는 안 되고, 그 효과를 계량화하고 어째서 $CO_2$가 그 결과로서 더 강력한 기후변화의 원인이 아닌지를 설명해야 한다. (그리고 온실가스 효과가 약해지는 것이 반드시 태양의 영향이 커지고 있는 결과인가, 아니면 원하는 결과를 만들어내기 위해 의도적으로 추가된 필연적 임시방편인가?)

반대론자들 사이에서 유행하는 가장 최근의 주장은 주로 덴마크공과대학교의 헨릭 스벤스마크(Henrik Svensmark)의 연구에 기초를 두고 있다. 스벤스마크는 태양이 우주선에 미치는 영향을 고려해야 한다고 주장한다. 대기로 진입하는 우주선은 햇빛을 반사하는 에어로졸과 구름 형성의 씨를 뿌리는 데 도움이 된다. 스벤스마크의 이론에 따르면, 지난 50년간 태양의 높은 자기 활동(magnetic activity)으로 우주선이 지구로 들어오는 것을 막는 효과가 생겨서 지구가 이례적으로 가열될 수 있었지만 태양의 자기 활동이 다시 조용해지면 지구온난화가 반전될 것이라고 한다. 스벤스마크는 자신의 모델에서는 다른 온실가스 요소에 비해 우주선의 수준 및 태양의 자기 활동이 기온 변화와 더 많은 연관성이 있다고 주장한다.

하지만 스벤스마크의 이론은 지금껏 대부분의 기후학자를 설득하지 못했는데, 왜냐하면 그 증거가 약하기 때문이다. 특히 우주선 유입이나 구름 형성의 장기적 추세가 분명해 보이지 않으며, 그의 모델은 (온실가스로는 설명이 되는) 세계가 어떻게 더워지고 있는지에 관해서 관측된 패턴의 일부(예를 들면 야간에 온난화가 더 많이 이루어지는 경우)를 설명하지 못한다. 최소한 현재로서는 우주선이 기후변화의 타당한 장본인일 가능성이 여전히 더 낮은 상태이다.

그리고 화성이 분명히 더워지고 있다고? 이는 몇 안 되는 측정기지를 바탕으로 하기 때문에 실제 동향을 나타내지 않을 수도 있다. 화성의 기후를 좌우하는 것이 무엇인지를 확신하기에는 아직 알려진 것이 너무 적지만, 화성에 큰 모래폭풍이 생기는 기간에 화성 표면이 상대적으로 어두워져서 햇빛을 더 많이 흡수하고 온도가 상승했을지도 모른다.

주장 5 : 기후학자들은 데이터를 단속함으로써 지구온난화의 진실을 감추려는 음모를 꾸민다. 그들이 말하는 지구온난화에 관한 '음모'는 과학적으로 적절하지 않은데, 과학이란 인기에 따라 결정되는 것이 아니기 때문이다.

*박애주의를 표방하는 민간단체이나, 은밀하게 세계를 지배하려 하는 비밀결사라는 음모론의 주역으로서 자주 언급되기도 한다. 이 글에서는 거대한 음모론의 대표적인 예로서 빗대어 사용되었다.

**외계인이 탄 UFO가 미국 로스웰 지역에 추락한 것을 미국 당국이 은폐했다고 주장하는 음모론으로, 근래에 미군의 기밀문서가 해제되면서 실제로는 고도의 군사기밀 프로젝트에 쓰이던 장비가 추락한 사건이었음이 밝혀졌다.

거대한 세계적 음모가 있다고 이미 확신하고 비난하는 사람들에게 그 생각이 틀렸음을 입증하기는 사실상 불가능하다. 여기에 프리메이슨(Freemasons)과* 로스웰(Roswell) 외계인도** 연루되지 않았다고 입증할 수 있는 사람이 있겠는가? 그러니 이 정도 규모의 가상 음모를 꾸미려면 전 세계에서 논란의 여지가 없는 수천 건의 간행물과 존경받는 과학자들이 연루되어야 하며, 거의 150년 전의 아레니우스와 틴달까지 거슬러 올라가야 한다고 지적하는 것으로 해두자. 그리고 미 국립과학원, 영국 왕립학회(Royal Society), 미국과학진흥협회(American Association for the Advancement of Science), 미국지구물리학회(AGU), 미국물리학회(American Institute of Physics), 미국기상학회(American Meteorological Society)를 포함한 과학 기구 수십 곳의 공식 직책들을 연루시킬 정도로 강력한 음모라야 한다.

무엇 때문인지는 모르겠지만 기후에 관해 세계를 속이기 위한 거대한 음모가 있다면, 해커들이 2009년 11월 20일에 이스트앵글리아대학교의 기후변화학과를 해킹해 유포한 수천 개의 이메일과 그 밖의 파일들에 그 증거가 있을 것이다. 하지만 아직까지 아무것도 드러나지 않았다. 비판자들이 부정행위의 증거라고 주장하는 몇 가지 진술은 대부분 과학자들의 사적이고 비공식적인 대화라는 맥락에서 의미가 통한다는 것이 더 결백한 해명으로 보인다. 여기에 연루된 과학자들 중 누군가가 데이터를 부정직하게 취급하거나 정보 열람의 자유 요청을 묵살했다고 드러난다면 개탄스러운 일일 것이다. 하지만 현재로서는 궁극적으로 그런 일이 일어났는지 불확실하다. 세계적 음모 집단을 단결시킬 수 있는 규모로 결론을 위조하고 꾸미거나 기후변화의 기록을 크게 왜곡하기 위한 폭넓은 시도가 있었다는 분명한 단서는 없다.

기후학자들은 데이터나 모델의 세부 사항을 숨기고 있다는 비난에 좌절하곤 한다. 왜냐하면 개빈 슈미트가 지적하듯이, 관련된 정보 대부분이 공용 데이터베이스에 올라 있거나 그 밖의 방법으로 이용할 수 있기 때문이다. 이는 반대론자들이 자신들의 요청에 과학자들이 철옹성을 치고 있다고 주장할 때 편하게 무시하는 사실이다. (그리고 국가마다 데이터 기밀성에 관한 규정이 다르기 때문에 과학자들이 어떤 요청에 응할 자유가 항상 있지는 않다.) 만약 반대론자들이 지구온난화 이론에 결정적 일격을 가하고 싶다면 공개적인 데이터를 이용하고 자신들만의 신뢰할 수 있는 모델을 개발해서 대안을 확실히 입증해야 한다.

그런 일은 아직 거의 일어나지 않았다. 2004년에 과학사학자인 나오미 오레스케즈(Naomi Oreskes)는 지구온난화에 관한 전문가 심사를 거친 문헌들을 분석한 잘 알려진 논문 〈기후변화의 과학적 합의(The Scientific Consensus on Climate Change)〉를 발표했다. 그녀가 조사한 928개의 논문 중 75퍼센트가 명시적 또는 암시적으로 인공적 지구온난화를 지지했고, 25퍼센트는 방법론적이거나 다른 형태로 이 주제에 아무런 입장을 보이지 않았다. 그리고 어느 논문도 순수한 자연현상이라고 설명하지 않았다. 일부 사람들은 오레스케즈의 결론이 틀렸음을 밝히려 시도하며 결국 무너뜨리고는 있지만, 그녀의 결론은 유효하다.

오레스케즈의 연구는 모든 기후학자가 기후변화에 동의한다는 의미가 아니다. 분명히 (아주 소수이기는 하지만) 일부는 그에 동의하지 않는다. 그 대신 의미 있는 의견 일치는 과학자들 사이에서가 아니라 과학 자체에서 이루어졌다. 즉 온실가스에 의한 지구온난화의 증거는 압도적으로 많고 몇 가지 반대 연구로도 이를 뒤집기가 쉽지 않다.

주장 6 : 기후학자들이 지구온난화를 경고하는 데 기존의 이해관계가 있는 데, 왜냐하면 돈과 위신이 따르기 때문이다.

만약 기후학자들이 기후변화의 공포를 과장함으로써 더 많은 돈을 거둬들이고 있다면, 그들은 그 일을 아주 비효율적으로 하고 있는 것이다. 미 회계감사원(Government Accountability Office)의 2006년 연구에 따르면, 1993~2004년 연방 정부가 기후변화 문제에 지출한 비용은 33억 달러에서 51억 달러로 55퍼센트 증가했다. (2004년 연방 정부의 국방외 연구 예산 지출은 500억 달러를 넘었다.) 하지만 그중 연구 비용은 56퍼센트에서 39퍼센트로 낮아졌다. 대부분 예산은 에너지 관리 프로젝트와 그 밖의 기술 프로그램에 쓰였다. 따라서 기후학자들에 대한 자금 지원은 거의 그대로였고, 업계를 포함한 다른 쪽에서 더 후한 이득을 얻었다. 프리메이슨이라면 분명히 그보다 더 잘 해냈을 것이다.

주장 7 : $CO_2$를 배출하지 않는 에너지원에 대한 투자나 지구공학적 기후 관리 같은 기술적 해결책이 탄소 발자국을* 줄이는 것보다 더 저렴하고 신중한 기후변화 대처 방법이다.

*어떤 활동에서 발생하는 탄소의 양.

기후변화에 대한 보통의 정책적 대응을 비판하는 입장의 테드 노드하우스(Ted Nordhaus)와 마이클 쉘렌버거(Michael Shellenberger), 비외른 롬보르

(Bjørn Lomborg)를 비롯한 비평가들은 환경운동가들이 주로 $CO_2$ 배출을 줄이도록 규제하는 데 집착하고 기술적 해결책에는 무관심하다고 보는 것 같다. 그러한 해석은 좋게 봐도 이상하다. 에너지 효율성과 관리 및 생산에 관한 기술적 혁신은 정확히 $CO_2$의 배출 제한이나 배출부담금 같은 제도가 활성화되는 수단이다.

적절한 질문은 문명사회가 $CO_2$ 배출을 억제하거나 줄이는 일을 미룬 채 그러한 기술이 준비되고 필요한 규모로 배치될 때까지 기다리는 것이 현명한가 하는 것이다. 가장 일반적인 결론은 '아니오'이다. $CO_2$ 수준이 증가하는 한 더 많은 열이 대기와 해양에 주입되어 기후에 미치는 영향이 확대되고 악화될 것이다. NASA의 기후학자인 제임스 핸슨은 현재의 $CO_2$ 수준을 당장 안정시킨다 하더라도 앞으로 수십 년 동안 표면 온도가 섭씨 0.5도까지 계속 상승할 것이고, 그 이유는 해양에 흡수된 열이 방출될 것이기 때문이라고 지적한 바 있다. $CO_2$를 줄이기 위한 기술을 더 오래 기다릴수록, 온난화 문제를 최소화할 수 있을 정도로 공기 중에서 $CO_2$를 줄이려면 그러한 해결책이 더 일찍 필요해지기만 할 것이다. $CO_2$가 누적되지 않도록 제한함으로써 난관의 범위를 최소화하는 것만이 타당하다.

더욱이 기후변화는 단지 $CO_2$ 증가에 의한 환경의 위기가 아니다. 기후변화로 해양도 산성화가 되며, 그러면 산호초와 그 밖의 해양 생명체들에게 돌이킬 수 없을 정도로 해로운 영향이 미칠 것이다. $CO_2$ 배출을 즉시 저감함으로써만 이러한 피해들을 억제할 수 있다.

기후변화에 대처하는 필사적인 최후 전략이 아닌 한 (의도적으로 지구의 기후 시스템을 바꾸는) 지구공학을 위해 계획하는 것이 어째서 경솔한 조치로 보이는지에 관해서는 이미 많은 사람들이 저술한 바 있다. 더 야심적인 제안일수록 대체로 검증되지 않은 기술을 사용하므로 그 기술들로 의도한 목적이 얼마나 잘 달성될지는 불확실하며, 그 기술들로 온난화를 억제하더라도 그 과정에서 환경에 다른 큰 문제를 초래할지도 모른다. 온난화가 급격히 반전되지 않도록 영구히 막기 위해서는 공기 중에서 $CO_2$를 없애는 것 이외의 방법들을 유지해야 할 것이다. 그리고 지구공학 체계의 관리는 국가들이 최적의 기후 상태가 무엇인지에 관해 동의하지 않는다면 정치적 지뢰밭이 될 수 있다. 그리고 물론 다른 기술적 해결책들과 마찬가지로 대기의 $CO_2$ 배출 및 누적을 먼저 줄이면 지구공학적 해결책이 더 쉬워질 뿐, 더 어려워지지는 않을 것이다.

대략적으로 말하면, 규제를 비롯해 가능한 모든 방법을 이용해서 직접적으로 문제에 대처하기보다 미래에 기후변화를 해결하는 기술적 발전이 있으리라고 믿는 것은 무책임의 극치처럼 보인다. 하지만 한편으로 기후변화에 관해 책임 있는 조치는 반대론자들이 가장 관심을 가지고 거부할 것으로 보인다.

# 7

기후 회담

# 7-1 교토 체제의 다음 단계

제프리 삭스

지난 2006년 몇 가지 사건으로 미국과 그 밖의 나라들이 온실가스 배출을 통제하기 위한 진지한 세계적 협상에 더 다가가게 되었다. 따라서 의미 있는 세계적 합의가 되려면 무엇이 수반되어야 할지를 질문하기에 적절한 시기가 되었다. 확실한 출발점은 1992년 UN기후변화협약으로, 국가들이 문제에 대해 행동하도록 구속하는 이 협약에 따라 교토의정서 같은 구체적인 방안이 채택되었다. 미국을 비롯해 대부분 나라가 포함된 조인국들은 협약의 목표가 "기후 시스템에 대한 인공적 간섭이 위험한 정도가 되지 않는 수준으로 대기의 온실가스 농도를 안정시키는 것"이라고 선언했다. 하지만 1997년에 채택된 교토의정서에서는 이 아이디어를 아주 잘 이행하지는 않았다. 의정서에서는 장기적 목표에 대한 단기적 전망을 취함으로써 명확성, 신뢰성, 그리고 진행 과정에서의 지지를 잃게 되었다. 지금 중요한 점은 그 이상으로 나아가는 것이다.

교토의정서는 부유한 국가와 동유럽의 구공산권 국가 및 구소련 국가가 2012년부터 온실가스 배출을 1990년 수준에서 약 6퍼센트 줄이라고 요구한다. 이 약속은 아무것도 하지 않는 것보다는 훨씬 낫다. (실제로 부시 행정부는 정책이 없었다고 하는 게 공정한 설명이다.) 하지만 두 가지 큰 문제가 있다. 첫째, 조만간 세계 온실가스의 절반 이상을 배출할 개발도상국이 배제되었다. 중국,

인도, 그 밖의 개발도상국이 능동적으로 참여하지 않으면 결코 배출량을 안정시킬 수 없다. 둘째, 교토의정서는 온실가스 농도를 안정시킨다는 장기적 목적을 정하고 이를 배출 제한에 관한 단기적 목표로 변환시키는데, 그 둘 사이에는 분명한 연관성이 없다. 안정화를 위한 주된 조치는 교토의정서의 2012년 기준을 넘어서게 하는 장기적 기술 변화가 되어야 할 것이다.

이번에는 장기적 전망으로 시작하는 편이 더 낫다. "인공적 간섭이 위험한 정도"는 아마도 대기 중 탄소 농도가 450~550ppm이 되면 나타나기 시작할 것이다. 세계의 현재 에너지 사용, 산림 파괴, 산업의 성장 동향을 보면 이번 세기말에는 쉽사리 그 범위의 두 배에 이를 것이다. 영국 재무부가 발표한 《스턴 보고서(Stern Review)》는 그 결과가 재앙이 될 것임을 분명히 밝힌다. 즉 대륙빙하가 녹고, 해수면이 크게 상승하고, 큰 흉작이 들고, 전염병이 퍼지고, 생태계 서비스(ecosystem services)에 잠재적 재앙이 될 것이다.

따라서 세계는 온실가스 농도를 450~550ppm 범위에서 안정시키기로 합의해야 한다. (필자의 동료인 존경받는 짐 핸슨은 그 하단을, 다른 사람들은 상단을 권고한다.) 세기 중반의 목표를 아마 그보다 50ppm 더 낮게 잡으면 세기말의 목표와 부합하는 40년 목표가 될 것이다. 새로운 과학적 증거가 나타나는 경우 이 목표는 주기적으로 조정될 것이다. 두 가지 장기적 목표치를 정하고 나면 세계의 정부들은 그 목표에 도달하기 위한 전략에 합의할 수 있다. 이 전략에는 배출 저감에 대해 시장 인센티브를 제공하고, 지속 가능 에너지와 토지 이용 및 업계 발전에 대한 연구를 크게 확대하며, 부자 나라에서 가난한 나라로 기술을 이전하는 조치가 포함될 것이다.

《스턴 보고서》에서는 그러한 통제 비용이 행동을 하지 않았을 때의 비용보다 훨씬 낮으리라는 점을 분명히 밝히고 있다. 에너지 효율 개선, 온실가스 배출을 줄이는 에너지 기술, 지속적인 토지 이용이라는 최소한 세 가지 주요 영역에서 저비용 고이익의 노력들이 유망해 보인다. 스마트 기술을 이용하면 아마도 온실가스 안정화를 위한 장기적 연간 비용을 세계 GDP의 1퍼센트 미만으로 유지할 수 있을 것이다. 그리고 부유한 나라는 가난한 나라가 필요한 기술을 채택하도록 도울 수 있다.

따라서 이제는 모든 나라가 참여할 합리적인 장기 체계를 목표로 삼을 때이다. 경제적으로는 옳다. 미 의회는 그러한 과정을 지원할 예정이다. 백악관도 2008년이 지나서, 혹은 운이 좋다면 그 이전에라도 동참할 것이다.

# 7-2 기후 회담의 합의 : 온실가스 배출 저감

데이비드 비엘로

남아프리카공화국 더반(Durban), 처음으로 선진국과 개발도상국을 포함한 모든 주요 국가가 '법적 결과물'을 통해 온실가스 배출을 줄임으로써 기후변화와 싸우기 위한 로드맵에 합의했으며, 2020년 이전에는 발효되지 않을 것이다. 협상에 참가한 194개국은 이 세계적 계획을 늦어도 2015년까지는 완료해야 한다는 것에도 합의했다.

남아프리카공화국 국제관계협력부 장관이자 UN 더반 총회 의장인 마이테 은코아나-마샤바네(Maite Nkoana-Mashabane)는 12월 10일 늦은 밤에 열린 기후변화 총회에서, 결과가 아직 불확실할 때 제안된 합의를 언급하면서 "우리 모두가 그 대책들이 완벽하지 않다는 것을 알고 있다고 본다"고 말했다. "완벽함을 추구하다가 선의와 가능성에 피해가 되도록 해서는 안 됩니다."

가능성으로 입증된 사항에는 교토의정서의 5~7년 연장(캐나다, 일본, 러시아를 제외하되 반도체 제작에 쓰이는 삼불화질소nitrogen trifluoride를* $CO_2$, 메탄, 아산화질소, 육불화황sulfur hexafluoride**, 과불화탄소perfluorocarbon*** 등 협약에서 다루는 규제 대상 가스에 추가하여), 저소득 국가의 대응을 돕기 위한 녹색 기후 펀드(실제 펀드는 아직 없지만), 그

*반도체 세정에 쓰이며, 인화성과 유독성이 있다.
**평소에는 안전하나 불순물이 들어가면 분해되면서 유독해지는 물질로, 절연 특성이 있어 반도체 생산이나 전력 계통에서 절연체로 쓰인다.
***주로 반도체 제조 공정에서 사용되며, 지구온난화를 유발하는 온실가스에 포함된다.

러한 노력들을 세계적으로 협조하기 위한 적응위원회(Adaptation Committee), 산림 파괴를 줄이기 위한 세계적 프로그램 및 산림 파괴를 모니터링하는 방법을 위한 규정, 그리고 온실가스 배출을 줄이기 위한 프로젝트를 시작하는 데 도움이 될 기후기술센터(Climate Technology Center) 등이 있다. 2012년 말 만료 예정인 교토의정서는 온실가스 배출을 1990년 수준에서 평균 5퍼센트 줄이는 것을 목표로 37개 산업화 국가와 EU가 체결하는 것이 목표이다. 미국은 2008년에 강제성을 갖기 시작하는 교토의정서를 비준하지 않았다.

결국 이해관계가 가장 많은 국가들(즉 미국, EU, 인도, 중국 등)이 총회 석상에서 타협을 보았는데, 이러한 새롭고 잠재적으로 세계적인 노력이 실제로 무엇인지에 관해서 문맥을 모호하게 함으로써 타협이 가능했다. 미국의 환경 단체인 천연자원보호위원회(Natural Resources Defense Council)의 국제 기후 정책 감독관 제이크 슈미트(Jake Schmidt)는 이렇게 말한다. "미국은 가스를 가장 많이 배출하는 개발도상국들이 구속력 있는 약속을 채택하지 못하도록 가로막고 있는 장벽을 무너뜨리고 이를 활용할 기회를 보았습니다."

물론 2007년 발리에서 비슷한 행동 계획이 합의되었다가 2009년 코펜하겐에서 합의가 깨진 적이 있다. 그리고 '향상된 조치를 위한 더반 플랫폼(Durban Platform for Enhanced Action)'이나 교토의정서 연장 모두 계속 증가하고 있는 온실가스 배출을 억제할 수 없다는 점도 분명하다. 정부간기후변화위원회의 2013년판 차기 평가 보고서에 기대하는 과학적 지식에서 정보를 얻기로 합의한 협상가들이 보기에도 그렇다고 한다.

실제로 다수의 분석에 따르면, 2010 기후 회담에서 구상되어 진행 중인 칸쿤합의(Cancun Agreements)로 모아진 경감 공약에 의하면 세계 평균기온이 섭씨 2도 상승할 것이다. 그리고 2000년대의 첫 10년 동안에는 목표를 충족하는 데 필요한 온실가스 배출의 정점에 이르지도 않을 것이다. 더반 패키지로는 이러한 상황이 달라지지 않을 것이다. 은코아나-마샤바네는 12월 11일 협상 초반에 "물론 이 패키지는 우리가 할 수 있는 최선의 수준이 아니"라고 설명했다. "이보다 더 잘 해야 하고 그렇게 할 겁니다."

하지만 이 새 패키지에서는 처음으로 개발도상국과 선진국 모두가 세계적으로 온실가스를 줄이기 위해 함께 참여한다. 이 패키지에서는 지구온난화를 섭씨 2도가 넘지 않도록 유지하는 것이 여전히 국제적 협상의 목표임을 재확인하며, 특히 지난 몇 세기 동안 세계적으로 배출된 온실가스 중 대부분에 대해 책임이 있는 미국 같은 선진국에서 목표를 상향할 방법을 검토하기 위한 실무 계획에 착수한다.

참여과학자모임(Union of Concerned Scientists)의 전략 및 정책 부장 앨든 메이어(Alden Meyer)는 "강력한 발언과 주의 깊게 표현된 결심으로는 물리 법칙을 바꿀 수 없다"고 말한다. "대기는 한 가지에 반응하며, 그 한 가지는 바로 가스 배출입니다. 세계의 배출 감소에 대한 공동 목표 수준을 상당히 높여야 하고, 곧 그렇게 해야 합니다."

# 8

해결책

데이비드 비엘로

지구온난화의 심각함에 관해서는 벅차고 의기소침한 기분을 느낄 수 있다. 기후변화를 늦추고 되돌리기 위해서 한 사람이나 한 나라가 직접 할 수 있는 일이 과연 무엇이겠는가? 프린스턴대학교의 생태학자 스티븐 파칼라(Stephen Pacala)와 같은 학교의 물리학자 로버트 소콜로우(Robert Socolow)는 국가들이 이 목표를 달성하기 위해 활용할 수 있는 15가지 '실마리(wedges)'를 제시했다. 이들 실마리의 목표는 이들을 일부 조합해서 탄소 발자국을 줄이는 데 도움이 되는 일을 할 수 있게끔 개인의 생활을 바꾸는 것이다. 각각의 항목은 어렵지만 실현 가능한 일이며, 일부 조합을 통해서는 온실가스 배출을 더 안전한 수준으로 줄일 수 있을 것이다. 이 모든 항목이 모두에게 딱 맞지는 않는다. 여러분 중 일부는 이 일을 이미 하고 있거나 완전히 혐오할지도 모른다. 하지만 이 가운데 몇 가지만 실천하더라도 변화를 이끌어낼 수 있다.

화석연료 포기 — 첫 번째 도전은 석탄, 석유, 그리고 궁극적으로는 천연가스 소비를 중지하는 것이다. 이는 아마도 가장 힘든 난관일 텐데, 더 부유한 나라의 사람들은 말 그대로 화석화된 태양으로부터 만들어지는 제품들로 먹고, 입고, 일하고, 놀고, 심지어 잠자기 때문에 그렇다. 그리고 개발도상국 시민들도 같은 안락함을 원하고 분명히 그래야 마땅한데, 이는 대부분 그러한 화석연료에 저장된 에너지의 덕분이다.

석유는 세계 경제의 윤활유이고, 플라스틱과 곡물 같은 흔한 물건들에 숨어 있고, 소비자와 상품 모두를 운송하는 데 필수적이다. 석탄은 기본 연료로서 미국에서 쓰이는 전기의 대략 절반을 공급하며, 세계적으로도 거의 그렇다. 그리고 국제에너지기구에 따르면 그 비율이 늘어날 것으로 보인다. 탄소를 배출하지 않는 바이오연료는 식량 가격을 상승시키는 요인이 되고 산림 파괴를 초래하며, 핵발전은 온실가스를 배출하지 않지만 방사성폐기물을 남긴다. 이처럼 화석연료에 대한 의존성을 줄이기 위한 완전한 해결책은 없지만, 사소한 양이라도 소홀히 할 수 없다.

따라서 식물성 플라스틱, 바이오디젤, 풍력 등 가급적 다른 대안을 찾으려 노력하고, 석유 주식을 팔고 탄소 포집 및 저장 회사들의 주식을 사서 변화를 위해 투자하자.

기반 시설 개선 — 세계의 건물들은 단열재를 더 두껍게 하는 등의 효율적인 온도 관리 조치를 취하면 장기적으로 비용을 절약할 수 있기는 하지만, 건물에서 나오는 온실가스가 현재 전체 온실가스 배출의 약 3분의 1(미국에서만 43퍼센트)을 차지한다. 전력망은 최대 가동 중이거나 과부하를 받고 있지만 전력 수요는 계속 증가 추세이다. 그리고 도로 사정이 나쁘면 연비가 가장 좋은 차도 연비가 떨어질 수 있다. 새 기반 시설에 투자하거나 기존의 고속도로와 송전선을 근본적으로 개선하면 온실가스 배출을 줄이는 데 도움이 되고, 개발도상국에서는 경제 성장의 동력이 될 것이다.

물론 새 건물과 도로를 건설하려면 온실가스의 주요한 원인인 시멘트가 많이 필요하다. 시멘트 제품은 2005년에 미국에서만도 5,070만 톤의 이산화탄소가 대기 중으로 방출되는 데 일조했는데, 시멘트를 만들려면 석회석 등의 재료를 섭씨 1,450도까지 가열해야 하기 때문이다. 구리와 다른 원자재를 채굴해야 하는 전기선과 송전선 시설 역시 지구온난화의 원인이 되는 오염물질을 유발한다.

하지만 에너지 효율이 높은 건물, 그리고 대체 연료 사용 같은 시멘트 생성 공정 개선을 통해 선진국의 온실가스 배출을 줄이고 개발도상국의 온실가스 배출을 막을 수 있을 것이다.

직장 근처 거주 — 운송은 미국에서 두 번째로 큰 온실가스 배출 원인으로서, 휘발유 1갤런(3.8리터)을 태우면 $CO_2$ 20파운드(9.1킬로그램)가 나온다. 하지만 꼭 그래야 할 필요는 없다.

운송 연료를 크게 줄일 한 가지 방법은 직장 근처에 거주하면서 대중교통을 이용하거나, 혹은 걷거나 자전거를 타거나 그 밖에 사람의 힘 말고는 필요가 없는 다른 운송 수단을 이용하는 것이다. 일주일에 며칠은 집에서 원격 근무를 하는 것도 한 가지 방법이다.

장거리 여행을 줄이는 것도 도움이 된다. 특히 항공 여행은 가장 빠르게 성장하는 온실가스 방출 원인인데, 연구에 따르면 온실가스가 가장 악영향을 미친다는 고공에 가스를 배출한다. 비행은 적당한 대안이 없는 몇 가지의 지구온난화 오염물질 배출원 중 하나이기도 하다. 제트기는 무게당 에너지 함량이 가장 높은 등유를 사용해서 멀리 빠르게 비행할 수 있지만 항공유인 제트A(JetA) 연료 1갤런을 만드는 데 원유 약 10갤런이 들어간다. 중요한 장거리 노선으로만 비행을 제한하면 비행기의 배출을 억제하는 데 도움이 될 것이다. 실제로 세계의 여러 지역에서는 기차가 중·단거리 항공 노선을 대체할 수 있다.

소비를 줄인다 — 온실가스 배출을 줄이는 가장 쉬운 방법은 단순히 소비를 덜 하는 것이다. 자동차를 포기하거나 재활용 가능한 종이봉투를 사용해서 소비를 줄이면 전 세계에서 제품을 추출하고, 생산하고, 운송하기 위해 소모하는 화석연료를 줄일 수 있다.

녹색 소비를 하자. 예를 들면 새 차를 사려 할 때 가급적 오랫동안 환경에 미치는 영향이 최소가 되는 차를 사는 것이다. 따라서 하이브리드 엔진을 장착한 중고차를 산다면 오랫동안 높은 연비를 얻을 것이고, 새 차를 제작할 때 발생하는 환경에 대한 악영향이 생기지 않을 것이다.

역설적이지만 식료품 같은 필수품을 구입할 때 대량 포장 제품을 사면 포장을 하지 않아도 되므로 랩, 마분지 박스, 그 밖의 재료들이 불필요해진다. 그래서 때로는 더 많이 사는 게 소비를 덜 하는 길이 된다.

효율을 생각하라 — 최소 비용 최대 효과를 통해서 잠재적으로 더 쉽게 더 큰 효과를 얻을 수 있다. 선진국의 많은 시민들은 가령 기름을 많이 소모하는 SUV로 과속을 하거나 아무도 없는 방에 불을 켜둠으로써 많은 에너지를 낭비한다.

운전을 잘하고 (타이어 공기압을 적절히 유지하는 등의) 자동차 정비를 잘하면 차량의 온실가스 배출량을 줄일 수 있으며, 아마 더욱 중요한 점으로서 주유소에서 결제하는 횟수도 줄일 수 있다.

그와 마찬가지로 냉장고와 에어컨을 비롯해 미 환경보호청의 에너지스타 (Energy Star)* 프로그램에서 높은 등급을 받은 가전제품을 사용하면 전기 요금을 줄일 수 있으며, 집 창문에 단열재를 붙이면 냉·난방비를 절약

*미 환경보호청에서 주관하는, 고효율 전기·전자 제품 인증 제도.

할 수도 있다. 그러한 노력은 일터에서도 효과적일 것이다. 즉 발전소에 더 효율적인 터빈을 설치하거나 사무실에 사람이 없을 때 불을 끄면 에너지를 절약할 수 있다.

스마트하게 먹고 채식하기? — 미국에서 옥수수를 재배하려면 작물을 키우기 위한 비료를 만드는 데 많은 석유가 필요하고, 수확하고 수송하는 데도 디젤유가 필요하다. 일부 식품점은 그러한 비료가 필요 없는 유기농 제품을 취급하지만, 유기농 식품은 지구의 절반을 돌아서 온 제품인 경우도 많다. 그리고 소고기든 닭고기든 돼지고기든 육류는 같은 무게의 단백질을 생산하기 위해

그보다 더 많은 사료가 필요하다.

영양, 맛, 생태에 미치는 영향 사이에 균형이 잡히도록 식품을 선택하는 일은 쉽지 않다. 식품류에 영양 정보가 표기된 경우는 많지만, 이를테면 이 상추 한 포기가 얼마나 멀리서 운송되었는지 알려주는 경우가 별로 없다.

시카고대학교의 연구자들은 육식을 하는 미국 시민 한 명이 채식주의자에 비해 온실가스를 1.5톤 더 유발한다고 추산한다. 가축을 키우기보다 작물을 재배하면 사람들을 먹이기 위한 토지도 덜 필요하고, 따라서 나무 심을 공간을 더 확장할 수 있다.

벌목을 멈추자 — 매년 3,300만 에이커(13만 3,550제곱킬로미터) 면적의 산림이 벌목된다. 열대지방의 벌목만으로도 15억 톤의 탄소가 대기 중으로 방출된다. 이는 인간이 유발하는 온실가스 배출의 20퍼센트를 차지하며, 상대적으로 쉽게 줄일 수 있는 배출 원인이다.

농업 방식을 개선하고, 종이를 재활용하고, 산림을 관리해서 베는 나무와 새로 자라는 나무의 균형을 맞추면 상당한 양의 배출을 빠르게 줄일 수 있을 것이다.

그리고 가구나 바닥재 같은 목재 제품을 중고로 구입하거나, 그게 불가능하면 지속 가능한 벌목으로 생산된 제품이라는 목재 인증 제품을 구입하도록 한다. 아마존과 그 밖의 산림은 지구의 허파일 뿐만 아니라 인간이 가장 단기간에 기후변화를 억제하기 위한 희망이기도 할 것이다.

플러그를 뽑자 — 믿거나 말거나, 미국 시민들은 전기 장치를 쓸 때보다 안 쓸 때 더 많은 전기 요금을 낸다. 텔레비전, 스테레오 오디오, 컴퓨터, 충전기, 그 밖의 수많은 장치와 가전제품은 전원을 끈 것처럼 보일 때 에너지를 더 많이 소비하므로 플러그를 뽑아야 한다.

에너지 효율이 높은 장치를 구매하면 에너지와 돈 모두를 절약할 수 있고, 온실가스 배출을 더 줄일 수 있다. 효율적인 배터리 충전기를 사용하면 전기를 10억 킬로와트시(전기 요금으로 환산하면 1억 달러) 이상 절약할 수 있으며, 따라서 100만 톤 이상의 온실가스 배출을 방지할 수 있을 것이다.

구형 백열전구를 콤팩트형 형광등 같은 더 효율적인 제품으로 바꾸면 수십억 킬로와트시가 절약될 것이다. (단 콤팩트형 형광등에는 수은이 들어 있어서 오랜 수명이 다했을 때는 적절히 폐기해야 한다.) 실제로 환경보호청에 따르면, 모든 미국 가정에서 백열전구 한 개만 교체하더라도 300만 가구의 미국 가정에 전기를 공급할 정도로 많은 에너지를 절약할 수 있을 것이라고 한다.

한 자녀 갖기 — 지구에는 현재 최소한 66억의 인구가 살고 있으며, 21세기 중반에는 최소한 90억 명이 될 것으로 UN은 예측한다. UN환경계획(UN Environmental Program)에서는 오늘날 평균적인 사람 한 명이 살아가려면 식량, 옷, 그 밖의 자원들을 생산하기 위해 54에이커(21만 8,530제곱미터)의 땅이 필요하다고 추산한다. 따라서 UN이 예측하는 정도의 인구 증가는 지속될 수 없다.

일부 선진국 및 개발도상국에서 출산율이 떨어지고 있어서 폭발적인 인구 증가율이 반전되기 시작했다. 정부가 한 가정에서 가질 수 있는 아이 수를 제한하는 산아제한 정책을 편 영향이 크다. 지구가 얼마나 많은 사람들을 안정적으로 부양할 수 있는지는 아직 불확실하지만, 기후변화를 통제할 수 있으려면 1인당 에너지 소비를 줄여야 한다는 점은 분명하다.

궁극적으로 한 부부당 한 자녀 갖기 규칙은 지속 불가능할 뿐만 아니라 완벽한 인구수도 아니다. 하지만 인구가 더 많아진다는 것은 온실가스 배출이 더 많아진다는 뜻이다.

미래형 연료 ― 화석연료 대체 문제가 21세기의 가장 큰 난관으로 드러날지도 모른다. 작물 추출 에탄올부터 물 전기분해로 추출한 수소에 이르기까지 여러 후보들이 있지만, 모두 약간의 결점이 있고 어느 것도 당장 필요한 규모로 이용할 수 없다.

바이오연료는 부정적 영향이 상당하며, 식량 가격을 상승시키는 것부터 시작해서 생산되는 연료보다 생산에 쓰이는 연료가 더 많다는 등의 문제가 있다. 수소를 만들려면 천연가스를 개질(reforming)하거나* 전기를 이용해서 물 분자를 분해해야 한다. (밤중에 충전할 수 있는) 바이오디젤 하이브리드 전기차는 단기적으로는 운송 부문에서 최선의 해결책이 될지도 모른다. 디젤의 에너지 밀도가 높고, 식물에서 연료를 추출하고 전기 엔진을 사용하므로

*천연가스에 고온의 수증기를 가해서 화학적으로 수소를 분리하는 과정.

탄소중립적* 결과가 된다. 최근의 연구에서는 미국의 현재 발전업 규모를 가지고 미국 전체의 자동차를 전기 하이브리드차로 바꾸는 데 충분한 에너지를 제공할 수 있으며 그 과정에서 온실가스 배출이 줄어든다는 것이 밝혀졌다.

*이산화탄소의 배출량과 소비량을 합친 실질 배출량이 0이 되는 것.

　하지만 전기 하이브리드는 여전히 전기에 의존하며, 지금의 발전소들에서는 대부분 공해를 배출하는 석탄을 태워서 발전을 한다. 온실가스 배출을 크게 줄이려면 태양열 전력이나 핵분열같이 공해 배출이 적은 에너지 생산에 대규모로 투자를 할 필요가 있다. 그리고 궁극적으로는 초고효율 광전지, 지구 궤도상의 태양열발전소, 심지어 핵융합같이** 훨씬 더 투기적인 에너지원도 필요할 것이다.

**기존의 원자력발전소가 우라늄의 핵분열 시 발생하는 에너지를 이용하는 반면, 핵융합 발전소는 중수소나 삼중수소를 헬륨으로 만드는 핵융합 반응에서 나오는 에너지를 이용한다. 핵융합 발전은 훨씬 큰 에너지를 생산할 수 있고 핵폐기물이 없다.

　이상의 해결책들은 개인이 지구온난화에 일조하지 않도록 하는 계획의 개요가 된다. 하지만 그러한 개인과 국가의 노력이 실패하는 경우에는 잠재적인 또 다른 필사적 해결책이 있다.

　지구를 실험한다 — 인간이 처음으로 지구 단위로 하는 기후변화 실험을 말한다. 하지만 다른 모든 해결책이 실패한다 해도 그것으로 끝이 아닐지 모른다. 지구공학(geoengineering)이라고 하는 방법, 즉 햇빛을 차단하거나 온실가스를 줄이기 위해 기후에 급진적으로 개입하는 방법이 기후변화 난관에 대처하는 잠재적인 마지막 수단이 될 것이다.

이를테면 공기 중에 황산염을 살포해 거대한 화산폭발로 생기는 냉각 효과를 모방하는 방법, 우주에 수백만 개의 작은 거울이나 렌즈를 설치해 햇빛을 막는 방법, 지구의 한 부분을 반사 필름으로 덮어서 햇빛을 우주로 반사하는 방법, 해양에 철분이나 그 밖의 영양소를 주입해서 플랑크톤이 더 많은 탄소를 흡수하도록 하는 방법, 그리고 구름을 늘리거나 이미 형성된 구름의 반사율을 높이는 방법 등이 있다.

이 모두는 예기치 못한 결과를 초래해 원래의 문제를 더 악화시킬지도 모른다. 하지만 지구공학의 몇 가지는 필요할 것임이 분명하다. 이산화탄소가 배출되기 전에 포집해서 이를 해저 깊은 곳에 저장하거나 탄산염* 광물의 형태로 저장하는 등의 몇 가지 방법은 필요할 것이다. 그러한 탄소 포집 및 저장은 기후변화와 싸우기 위한 모든 진지한 노력에서 중요하다.

*금속산화물이나 수산화물에 이산화탄소가 결합해서 생기는 물질.

편집자

○ 현재 바이오연료의 성장을 가장 저해하는 기술적 장애는 무엇인가? 그리
고 장·단기적으로 이를 극복하기 위한 전망은?

– 셀룰로오스\* 원료를 연료용 에탄올로 변환해서 상용화하는 과정은 에탄
올 산업이 주요 연료로 성장하는 데 큰 기술적
장애가 된다. 여러 회사가 현재 셀룰로오스 관
\*식물의 세포벽을 형성하는
물질로, 섬유소라고도 한다.

련 기술을 개발 중이고 많은 연구가 이루어졌지만, 기술적 발전이 완전한
상업적 개발로 이어지기까지는 아직 갈 길이 멀다. 이러한 난관은 확장성
과 가격이라는 두 부분과 주로 관계가 있다. 과학은 더 이상 주된 관건이
아니며, 이제는 투자와 자원 할당의 문제이다.

핵심 문제는 기존의 옥수수 에탄올과 사탕수수 에탄올 시설을 셀룰로
오스·녹말·설탕 통합 시설로 전환하는 것이다. 셀룰로오스 전용 에탄
올 시설을 신규 건설하면서 기존의 공장도 전환하면 재생연료사용기준
(Renewable Fuel Standard)에\*\* 규정된 바에
따라 2010년까지 셀룰로오스 에탄올을 상용
화할 만큼 생산할 수 있을 것이다.
\*\*미국에서 수송 부문에 재
생연료를 의무적으로 일정 비
율 이상 사용하도록 규제하는
제도로, 2005년에 처음 수립되
었다.

○ 바이오연료를 국가적 또는 세계적으로 더 많은 고객층에게 공급하기 위해

생산량을 늘리는 데 장애가 있는가?

- 자본금 이외에 다양한 재생 가능 원료의 가용성과 그 운송 및 저장이, 현재 일부 생산자들이 그들의 기술에 따라서 당면한 어려움이다. 바이오연료 생산 회사인 AE바이오퓨얼즈(AE Biofuels)는 셀룰로오스 에탄올을 생산하기 위해 효소 기반 방식을 이용하며, 셀룰로오스 전용 공장을 건설하는 것과 더불어서 우리는 이 공정이 기존의 옥수수 에탄올 생산에 통합되도록 설계했다. 기존 에탄올 공장에는 이미 원료 관리, 증류, 에탄올 배급 등의 기반 시설을 준비했다.

옥수수 속대, 옥수수 줄기, 밀짚, 사탕수수 찌꺼기 같은 농업 폐기물에 가까운 물질들은 AE바이오퓨얼즈의 공정에서 최고의 리그닌저함량(lowerlignin)* 재생 가능 셀룰로오스 유기물 원료가 된다. 유기물 원료

*리그닌(lignin)은 셀룰로오스와 함께 목재의 주요 구성 성분이다.

가 바이오연료 공장 근처에 있지 않으면 원료를 수송하고 저장하는 비용이 전체 생산비에 추가되므로, 농업 지역이 재활용 유기물을 이용해서 에탄올을 생산하기 위한 최적지이다.

셀룰로오스 에탄올 생산과 녹말이나 사탕수수를 이용한 전통적인 에탄올 생산을 통합하는 것은 셀룰로오스 에탄올을 대량으로 생산하기 위해 가장 빠르게 대규모적으로 취할 수 있는 조치이다.

○ 기존의 에너지 기반 시설에서 성장하는 바이오연료를 취급할 수 있는가?

아니면 그 역시 추가 개조가 필요한가?

- 송유관을 통한 에탄올 배급은 철도나 트럭 운송에 비해 장거리 배급 비용을 낮추는 한 가지 방법이다. 하지만 2009년에는 100억 갤런 이상이 수송되고 혼합될 것이며, 초창기의 에탄올 배급 및 혼합 제약은 더 이상 업계 성장의 큰 변수가 아니다.

O 현재의 경제 위기에서 바이오연료 업계가 성장을 위해 적절히 투자하는 데 필요한 자본을 (공공 자금이나 민간 자금을 통해) 얻을 수 있겠는가?

- 차세대 바이오연료를 대규모로 상용화하는 데는 자본 투자가 중요하다. 상업적 부채자본은 현재 시장에는 기본적으로 존재하지 않으며, 따라서 업계의 규모를 키우려면 향후 18개월간 여러 종류의 자금원을 개발해야 할 것이다.

  미 정부에게는 특별한 기회가 왔다. 2005년과 2007년에 재생연료사용기준을 높이는 에너지 입법이 통과되었고, 바이오연료 업계가 의무적인 생산 목표를 충족하도록 돕기 위해 미 에너지부와 농무부의 여러 자금 지원 수단(보조금과 대출보증)도 만들었다. 이들 프로그램은 대부분 에너지부와 농무부 소관이다. 이들 프로그램의 이행 속도는 입법가들이 정한 강력한 정책적 원칙을 따르지는 않았다.

  오바마 대통령에게 행정명령이나 내각에 대한 지시를 통해서 이 자금을 유자격 업체에 제공하는 절차를 간소화할 수 있는 특별한 기회가 주어졌다. 정부의 강력한 약속이 없이는 재활용 연료가 미국의 전략적 에너지 독립 목표를 따라잡지 못할 것이다.

○ 전략적 관점에서 바이오연료의 더 큰 경쟁자는 무엇인가? 현재의 석탄, 석유, 가스 기술인가, 아니면 대체에너지 기술인가?

− 그 모든 에너지원은 경쟁적이 아니라 상호 보완적이다. 에너지원의 해외 의존도를 줄이기 위해서 자원과 기술이 함께 조합되어야 할 것이다.

○ 당신과 업계의 다른 사람들이 이를테면 5년 안에 달성하고자 하는 가격 목표가 있는가?

− 식량 기반 원료의 양과 바이오연료를 생산하는 데 필요한 에너지를 줄이면 전체 생산 비용이 낮아질 것이다. 차세대 바이오연료가 성장하면 밀, 보리, 짚, 풀, 옥수숫대, 목재 유기물 원료 같은 추가적인 농산물 시장이 열리고 확대될 것이다. 비교 대상인 휘발유 가격보다 낮은 소매가가 가능한 비용으로 바이오연료를 생산하는 것이 전반적인 목표이며, 원유 가격의 변동이 크기 때문에 대체 연료 수요가 긴급하다는 점이 입증되었다.

편집자 주 : 이 일문일답은 《사이언티픽 아메리칸》이 비화석연료 에너지 기술을 개발 또는 도입 중인 회사의 경영진을 대상으로 수행한 조사의 일부이다.

# 8-3 탄소를 포집해서 석탄 문제를 해결할 수 있을까?

데이비드 비엘로

독일 슈프렘베르크(Spremberg)에 있는 1,600메가와트 용량의 슈바츠 품페 (Schwarze Pumpe) 발전소는 여느 대형 석탄화력발전소처럼 분명히 더럽다. 하지만 이 시설에 추가된 작은 시설, 즉 30메가와트 상당의 증기를 지역 산업 소비자에게 파이프로 보내는 작은 보일러는 화석연료를 사용해서 생기는 세계적 기후변화의 영향으로부터 구원받을 수 있다는 희망을 상징한다.

이 보일러를 가열하려면 더 단단한 흑색 무연탄 종류보다 오염물질이 더 많이 배출되며 눅눅하고 잘 부서지는 갈색 석탄인 갈탄을 순수한 산소를 이용해서 태우는데, 그러면 수증기와 그보다 더 유해한 온실가스인 $CO_2$가 폐기물로 나온다. 이 발전소의 소유주인 스웨덴의 공기업 바텐폴(Vattenfall)은 단순한 파이프에서 물을 응결시킴으로써 $CO_2$의 거의 95퍼센트를 포집해서 99.7퍼센트의 순도로 격리한다.

그 후 이 $CO_2$를 액체로 압축하여 또 다른 회사인 린데(Linde)에 제공해서 판매하게 한다. 잠재적 소비자에는 코카콜라 같은 탄산음료 제조사부터 유전에서 더 많은 석유를 뽑아내기 위해 $CO_2$를 이용하는 석유 회사까지 다양한 업체들이 포함된다. 하지만 원칙적으로는 $CO_2$를 깊은 지하에 매장해서 특수한 암석의 형태로 1,000년 동안 안전하게 가둬둘 수도 있다.

국제에너지기구부터 UN의 IPCC에 이르는 여러 기구는 그러한 탄소 포집 및 저장(carbon capture and storage, CCS) 기술이 특히 석탄화력발전소를 위해 쓰일 경우 온실가스 배출을 빠르게 많이 줄일 수 있는 중요한 기술이라고 인정했다. 어쨌든 석탄 연소는 인간의 활동으로 배출되는 연간 300억 톤의 $CO_2$ 중 40퍼센트를 차지한다. "미국과 다른 나라들이 계속 석탄을 에너지원으로 의존하면서 동시에 석탄과 관련된 대량의 온실가스로부터 기후를 보호할 가능성이 있다"고, 버지니아 주 알링턴에 있는 싱크탱크 퓨 지구기후변화센터(Pew Center on Global Climate Change)의 지역 기후변화 정책 협조관 스티브 콜드웰(Steve Caldwell)은 말한다.

버락 오바마 대통령도 '에너지 독립'을 위해 기술이 중요하다고 말하고, 경기 부양 패키지에 '청정 석탄(clean coal)' 발전소를 위한 34억 달러를 포함시켰다. 그러나 전 세계에서 다수의 프로젝트가 CCS의 측면들을 조사하거나 시험하고 있지만 그중 실물 발전소로 연결된 경우는 거의 없었다. 실제 발전소 한 곳은 하루에 평균 500메가와트의 전기와 1만 톤 이상의 $CO_2$를 배출하는데, 이 점이 배출 문제의 핵심이다.

바텐폴의 CCS 대변인 슈타판 괴르츠(Staffan Görtz)는 슈바츠 품페에 있는 1억 달러짜리 CCS 실증용 보일러를 설명하면서 "최대 가동 시 시간당 9톤의 $CO_2$를 생산한다"고 말한다. 하지만 그는 "아직 저장소는 갖지 못했다"고 인정한다.

## 해저 수장

저장은 CCS 문제에서 가장 단순한 부분일지도 모른다. 노르웨이의 석유 회사 스타토일휘드로(StatoilHydro)는 1996년부터 북해에 있는 슬레이프너(Sleipner) 가스전에서 뽑아내는 천연가스에서 $CO_2$를 추출하고, 이를 대기 중으로 배출하는 대신 가스전의 1,000미터 깊이에 다시 주입하여 영구적으로 저장하고 있다.

스타토일의 CCS 자문인 올라프 카르스타드(Olav Kaarstad)는 이산화탄소 저장의 기본은 단순하며, 수백 년 동안 천연가스를 저장해온 우트시라(Utsira) 사암층을* $CO_2$를 가둬두는 용도로도 쓸 수 있다고 설명한다. 250미터 두께의 사암층(잘 부스러지며 입자들 사이의 미세한 공간에 가스를 함유한 암반층) 위에는 상대적으로 불투과성인 200미터 깊이의 셰일(shale)과** (진흙이 굳은 것과 비슷한) 이암(mudstone)층이*** 덮여 있다. 카르스타드는 "봉인의 완전성과, $CO_2$가 수백 년 이상 해저에 남아 있을지 여부는 그다지 걱정하지 않는다"고 말한다.

*모래 입자들로 이루어진 퇴적암.
**미세 입자들의 얇은 층으로 이루어진 퇴적암으로, 퇴적층과 평평하게 잘 깨진다.
***진흙류가 굳어져서 생긴 퇴적암을 이암이라 한다.

그는 1,200만 톤 이상의 $CO_2$를 이 층에 주입했다고 설명한다. 스타토일이 주기적으로 내진 실험을 해서 저장소를 모니터링하는데 이 실험은 지구에 초음파검사를 하는 것과 다르지 않다고, 스탠퍼드대학교의 세계 기후 및 에너지 프로젝트 실장인 수문학자(hydrologist) 샐리 벤슨(Sally Benson)은 말한다. 이 모니터링을 보면, 1996년부터 2009년 3월 사이에 액체 $CO_2$가 다공성 사암 지역의 3제곱킬로미터에 침투해서 얇은 층으로 퍼진 것으로 나타난다. 이는 저장을 위해 가용한 영역의 0.0001퍼센트에 불과하다.

미국에서 시범 프로젝트들에 참여한 바 있는 텍사스대학교 오스틴캠퍼스의 수잔 호보르카(Susan D. Hovorka)는 "소금동굴이나 지하 하천에 저장하지는 않고 미세 구멍들에 저장을 할 것"이라고 설명하면서, 저장 공간이 "합치면 부피가 크다"고 말한다.

실제로 에너지부의 2008년 도해집에 따르면, 미국에서만도 투과성 사암층 또는 염류 대수층(saline aquifers)이라는* 지질학적 저장고의 형태로 3조 9,110억 톤의 $CO_2$를 저 장할 수 있다고 추산한다. 미국에 있는 약 4,600

*염분이 있는 지하수를 품은 지층.

개의 대형 산업 배출원에서 해마다 배출되는 $CO_2$ 32억 톤을 저장하고도 남는 용량이다. 이 저장고의 대부분은 미국의 주요 석탄 매장지인 중서부, 동남부, 서부와 가깝다. 벤슨은 "최소한 100년의 $CO_2$ 격리 용량이 있고 아마 그보다 상당히 더 클 것"이라고 말한다.

이 저장소는 장기적 역할도 있을 것으로 보인다. 즉 격리된 가스는 암반에서 빠져나가기를 기다리면서 머물지만은 않는다. 호보르카는 가스가 수십 년이 지나면 같은 공극을 차지하는 소금물에 용해되거나, 더 장기적으로는 주변의 암반과 탄산염 광물을 형성한다고 설명한다. 실제로 그녀가 천연가스 추출 기술로 시험장에서 $CO_2$를 추출하려고 했을 때 그 시도는 완전히 실패했다.

IPCC가 2005년에 발표한 CCS에 관한 특별보고서에 따르면, 장소를 적절히 선정하면 격리시킨 $CO_2$ 중 최소한 99퍼센트를 1,000년 이상 안전하게 저장할 수 있을 것이라고 한다. 퍼시픽 노스웨스트 국립연구소(Pacific Northwest National Laboratory)의 선임 연구 과학자이며 IPCC의 주 저자 중 한 명인 제임스 둘리(James Dooley)는 이를 달성 가능한 목표라고 여긴다. "$CO_2$를 사암층에 주입하기 위해 에너지가 필요하다면, 다시 추출해내는 데도 많은 에너지가 필요할 것이다. 매장된 원유의 절반 이하만을 추출할 수 있는 유전과 마찬가지로, $CO_2$ 중의 많은 양이 거기 갇혀서 암반 속에서 움직이지 못한다."

슬레이프너 프로젝트의 성공으로 고무된 스타토일은 최근 바렌츠 해에 있는 스노비트(Snøhvit) 천연가스전에서 또 다른 $CO_2$ 주입 프로그램을 시작했는데, 이 시험에서는 $CO_2$를 격리 장소로 보내기 위해 150킬로미터 길이의 해저 파이프라인을 제작해야 했다.

그리고 석유 대기업인 BP와 (스타토일을 포함한) 협력사들은 2004년부터 살라(Salah) 가스전에서 한 해 생산하는 90억 세제곱미터의 천연가스에 포함된 10퍼센트의 이산화탄소를 분리해서 액화한 $CO_2$ 100만 톤을 세 개의 추가 시추공을 통해 지하의 염류 대수층으로 되돌려 보낸다.

BP는 여러 가지 기술을 이용하는데, 그중에는 $CO_2$ 저장이(그리고 천연가스 채취가) 지상에 미치는 영향을 관찰하기 위한 위성 모니터링이 포함된다. 일부 지역에서는 천연가스를 채취하면서 약 6밀리미터가 침하한 반면 $CO_2$ 주입용 시추공 근처에서는 지면이 약 10밀리미터 융기했다고, BP의 대체에너지 사업부 CCS 기술 및 엔지니어링 실장 가디너 힐(Gardiner Hill)은 말한다. 미 국립에너지기술연구소(National Energy Technology Laboratory)도 적절한 모니터링과 검사 및 해석 기술을 개발하는 작업을 하고 있다.

물론 BP와 스타토일은 이들 CCS 프로젝트를 자선사업으로 하고 있지는 않다. 노르웨이 정부의 탄소세는 톤당 약 50달러로, 슬레이프너와 스노비트에서 $CO_2$ 격리 시험을 하게 된 동기가 되었다. 카르스타드는 "이 비용은 세금의 일부분에 불과하다"고 말한다. "실제로 우리는 여기서 수익을 얻고 있습니다."

스타토일과 BP는 모두 $CO_2$ 저장을 돈벌이가 되는 노다지라고 예측한다. 힐은 만약 CCS를 매우 큰 규모로 수행한다면 석유 업계의 전문성이 필요할 것이라고 설명한다. 그는 석유 업계가 "지하에 대한 지식을 100년간 쌓아왔다"고 말한다. "BP가 여기서 얻고 있는 경험을 미래 사업에 활용하리라고 예상합니다."

## 현재의 사업성

$CO_2$를 땅속에 주입하는 일은 이미 석유회수증진기술(Enhanced Oil Recovery, EOR)을* 통해 일부 사람들에게 돈이 되고 있다. 덴버리리소시즈(Denbury Resources)나 킨더모건(Kinder Morgan) 같은 석유 서비스 업체들은 콜로라도 주의 자연발생적 이산화탄소 저장소로부터

*지하 유전에 기체, 액체, 화학물질 등을 주입하여 지하에 남아 있는 석유의 회수율을 높이는 방법.

서부 텍사스의 페름기 분지(Permian Basin)에 있는 쇠퇴기의 유전들까지 가스관을 연결해서 이산화탄소를 35년간 주입해왔다.

미국에서는 이러한 프로젝트가 최소 100건이 있고, $CO_2$ 가스관이 6,000킬로미터에 이른다. 킨더모건의 $CO_2$ 사업 이사 팀 브래들리(R. Tim Bradley)에 따르면, 1970년대 이래로 미국에서 일간 65만 배럴(1억 330만 리터)을 더 생산하도록 유전의 생산율을 높이기 위해 도합 3,000억 세제곱미터가량의 가스를 주입했으며, 이러한 증가는 미국 전체 일간 생산량의 10퍼센트가 넘는다고 한다.

CCS와 관련해서 가장 중요한 사업으로서, 노스다코타 주의 그레이트플레인스 합성연료 공장(Great Plains Synfuels Plant)은 2000년 이래로 서스캐처원 주에 있는 웨이번(Weyburn) 유전에 연간 최대 200만 톤의 이산화탄소를 주입했다. $CO_2$는 기본적으로 유전에서 더 많은 탄화수소를 만든다. 보스턴에 있는 환경단체 클린에어 태스크포스(Clean Air Task Force)의 탄소 저장 개발 협조관 커트 왈처(Kurt Waltzer)는 "다코타 주의 가스화 프로젝트에서는 합성기체를 만들고 그 과정에서 $CO_2$를 추출"하며, 그 후 가스관을 통해 이를 웨이번 유전으로 보낸다고 설명한다. "그러면 사실상 CCS에서 이루어지는 모든 부분을 보게 되는 겁니다."

이산화탄소를 이용해서 더 많은 화석연료를 채취하고 그 과정에서 이산화탄소를 영구적으로 저장한다는 말은, 그렇게 채취된 화석연료가 연소하면서 더 많은 $CO_2$가 대기 중으로 배출되기 때문에, 기후변화를 억제한다는 목표에 역효과를 낳는 것처럼 들릴지도 모른다. 하지만 덴버리의 저장소 엔지니어링 수석 부사장 로널드 에반스(Ronald Evans)는, 그렇게 하면 전체 배출을 최소한 24퍼센트 줄일 수 있다고 계산한다. 그렇게 채취한 석유는 결과적으로 대기 중에 도합 0.42톤의 이산화탄소를 배출하지만, 채취를 할 때 0.52~0.64톤의 가스를 지하에 주입한다. 실제로 브래들리는 미국에서 EOR이 적절히 이루어 진다면 $CO_2$ 배출을 4퍼센트 줄일 수 있다고 추산한다.

탄소 격리 기술과 흔히 연관되는 가장 큰 두려움이라면 격리된 $CO_2$가 갑자 기 지표면으로 빠져나와 치명적인 영향을 미칠지도 모른다는 것인데, 1986년 에 카메룬의 니오스 호(Lake Nyos)에서 그런 일이 발생한 적이 있다. 화구호인* 이 호수에는 200만 톤의 이산화탄소가 차가운 수중에 자연적으로 축

*화산의 분화구에 물이 고여 생긴 호수.

적되었는데, 어느 날 밤에 저절로 배출되면서 산소가 있는 공기를 대신해 주 변을 채우는 바람에 1,000명 이상의 인근 주민들이 질식사한 것이다.

하지만 수십 년 동안 해온 EOR을 위한 상업적 $CO_2$ 주입에서는 위험한 유 출 사건이 없었다. 유출되거나 주입용 시추공이 파열되면서 나온 $CO_2$는 항상 아주 빠르게 분산되어 위험이 되지 않았다.

예를 들어 1936년 유타 주에서 천연가스를 찾아 지면을 시추하던 탐사자 들은 우연히 $CO_2$ 분출구 하나를 만들었다. 이것은 압력이 생기면 여전히 하 루에 몇 번씩 분출을 하지만, 스탠퍼드의 벤슨은 "관광 명소가 될 정도로 안전 하며, 위험하지 않다"고 말한다. 실제로 로렌스리버모어 국립연구소(Lawrence

Livermore National Laboratory)에서 모델링한 바에 따르면, 이산화탄소가 위험해지려면 그 농도가 10퍼센트 이상이 되어야 하는데 그렇게 되기는 힘들다고 한다.

그 이유는 화구호에서 배출되는 $CO_2$가 시추공에서 배출되거나 지하실로 스며드는 가스와는 매우 다른 조건이 되기 때문이라고, 로렌스리버모어 국립 연구소의 탄소 관리 프로그램 실장 줄리오 프리드먼(Julio Friedmann)은 설명한다. 니오스 호에서는 $CO_2$가 갑자기 배출되면서 농도가 위험하게 높아진 채로 주변의 저지대에 고였다. 반면 시추공이나 균열에서 배출되는 가압 가스는 대기와 빠르게 섞이기 때문에 위험하지 않으며, 이는 $CO_2$를 분사해서 불을 끄는 소화기를 사용해도 위험하지 않은 것과 비슷하다. 가스가 지하실에 느리게 유출되는 경우처럼 대기와의 혼합이 최소한이 되는 상황이라면 센서와 환풍기만 달아도 문제를 없앨 수 있으며, 이탈리아와 헝가리에서 $CO_2$가 자연적으로 스며드는 현대의 아파트 건물들에서 그렇게 하고 있다.

일본의 한 시범 프로젝트에서는 규모 6.8의 지진에도 지하에 주입된 $CO_2$가 깊은 염류 대수층에서 흔들려서 배출되지 않았고, 시추공에서도 그렇게 많은 유출이 일어나지 않았다. 프리드먼은 큰 지진이 일어나면 유출이 생길 수 있지만, 많은 경우에는 그렇지 않을 것이라고 말한다.

뉴욕 시에 있는 환경단체 환경보호기금(Environmental Defense Fund, EDF)의 기후 및 공기 프로그램 사업 협력 이사인 마크 브라운스타인(Mark Brownstein)은, 그렇기는 하지만 "최초의 CCS 프로젝트가 좋지 못한 결과로 끝난다면 그것이 마지막 CCS 프로젝트가 될 것"이라고 경고한다. "이러한 측면에서는 핵발전과 아주 비슷합니다."

그러면 저장소가 가동될 수는 있겠지만, 발전소에서 이산화탄소를 포집할 수 있을까? 스타토일의 카르스타드가 말하는 바에 따르면, 결국 "발전소에서 $CO_2$를 포집하는 것이 열 배는 더 어렵다."

### $CO_2$ 포집

현재는 세 가지 기술을 이용해 발전소에서 $CO_2$를 포집할 수 있다. 첫 번째는 슈바츠 품페에 있는 장치같이 순산소연소 공정을 이용하는 것이다. 즉 순수한 산소로 석탄을 태워서 $CO_2$ 농도가 높은 배출 가스를 생산한다. 두 번째 방법은 아민(amine) 또는 암모니아 스크러버 (scrubber)*, 특수한 얇은 막인 멤브레인, 혹은 이온 액체 같은 형태의 다양한 화학물질을 이용해서 여러 가지 가스가 섞인 배기가스에서 이산화탄소를 추출한다. 세 번째는 가스화인데, 우선 액체 및 고체 연료를 합성 천연가스로 바꾸고 변환된 가스에서 $CO_2$를 추출할 수 있다.

*액체를 이용해서 가스 속의 입자를 포집하는 장치.

이 모든 일의 주된 문제는 비용이다. 쉽게 말해 $CO_2$를 포집하는 비용은 (그리고 에너지는) 적게는 살라 가스전에서와 같은 천연가스 프로젝트의 경우 톤당 5달러에서, 많게는 특정한 가스화 기술을 사용하는 경우 톤당 90달러를 넘어가기도 한다.

미 에너지부는 2007년 5월에 $CO_2$의 90퍼센트를 포집할 수 있도록 미분탄 (pulverized coal)을* 연소하고 아민 스크러버를 설치한 새 발전소를 세우면 전기 요금이 메가와 트시당 114달러가 넘어갈 것이라고 추산했다. (반

면 $CO_2$ 포집을 하지 않는 경우에는 63달러에 불과하다.) 석탄을 연소하기 전에 가스로 변환하는 석탄가스화복합발전(Integrated Gasification Combined Cycle, IGCC)으로 같은 양의 $CO_2$를 포집하면 전기 요금이 메가와트시당 약 103달러가 될 것이다. 따라서 소비자 입장에서는 탄소를 포집하는 추가 비용이 킬로와트시당 0.04달러가량이 될 것이다.

에너지부의 입장에서는 소비자 전기 요금을 낮추기를 원한다. 로스앨러모스 국립연구소(Los Alamos National Laboratory)의 $CO_2$ 격리 프로젝트 팀장 라제쉬 파와르(Rajesh Pawar)는 에너지부가 "총 비용의 측면에서 $CO_2$ 톤당 10달러를 달성하기를 원한다"고 말한다. "현재 우리는 톤당 50달러대에 근접하고 있습니다."

그렇지만 지금처럼 비용이 높더라도 그 유용성은 사라지지 않았으며, 미정부는 계속해서 탄소 포집 발전소를 건설하고 있고 더 많이 건설할 계획이다. 메릴랜드 주에 있는 180메가와트급 워리어 런(Warrior Run) 발전소는 이미 $CO_2$ 배출의 96퍼센트를 포집해 소화기 제작용으로 판매하고 있다. 테네시 주에 있는 킹즈포트(Kingsport) 발전소는 1984년부터 $CO_2$를 포집해서 탄산음료 제조업체들에게 판매하고 있다. 해외의 경우, 바텐폴의 괴르츠에 따르면,

회사는 슈바츠 품페 운영을 확대하고 독일의 옌슈발데(Jänschwalde)와 덴마크의 노르윌란(Nordjylland) 같은 발전소에 있는 몇 개의 보일러를 2015년까지 CCS용으로 전환할 것이라고 한다. 호주와 중국은 각각 제로젠(ZeroGen)과 그린젠(GreenGen)이라고 하는, IGCC 기술을 이용하는 공해 무배출 석탄화력발전소를 건설할 것이다.

오바마 행정부 역시 퓨처젠(FutureGen) 프로젝트를 부활할지도 모른다. 이 프로젝트에서 275메가와트급 IGCC 발전소 퓨처젠은 배출하는 $CO_2$의 90퍼센트를 포집할 것이다. 부시 행정부는 비용이 점차 늘어나는 바람에 이 프로젝트를 취소했었다(아마 계산을 잘못 했을지도 모른다). 그리고 에너지부는 CCS 기능 석탄화력발전소들에 최소 80억 달러의 대출담보를 지원했다.

전기 및 가스 공급업체인 듀크에너지(Duke Energy)는 23억 5,000만 달러를 들여서 에드워즈포트(Edwardsport)에 630메가와트급 IGCC 발전소를 건설하고 있는데, 이곳은 미국 최초의 상용 CCS 프로젝트가 될 것이다. 다만 이곳에서는 2013년에 발생할 $CO_2$의 18퍼센트만을 포집하도록 설계되었다(아직 설계 승인을 기다리는 중이다). 듀크의 대변인 앤젤린 프로토제(Angeline Protogere)는 "우리 목표는 이곳을 실제 발전소 중 최초의 CCS 실증 장소로 만드는 것"이라고 말한다. "석탄발전소는 미국의 전기 중 약 절반을 공급하며, 우리는 석탄을 깨끗하게 연소시키는 방법을 찾아야 합니다."

물론 그러한 실증용 발전소는 석탄층을 채굴하기 위해 산을 파헤치거나 연소 후 유독한 석탄재가 남는 문제처럼 석탄 이용이 비난을 받는 원인이 되는 다른 몇 가지 문제들을 처리할 수는 없을 것이다. 그리고 석탄화력발전소가 기후 친화적이 되려면 온실가스의 모든(혹은 거의 모든) 양을 포집해야 한다. 하지만 IGCC는 $CO_2$의 90퍼센트 이상을 제거할 수 있다. 프로토제는 "우리 요청은 18퍼센트를 포집해서 격리하기를 검토하는 것"이라고 말한다. "그렇다고 해서 나중에 다시 더 높은 수준을 요청하는 것이 불가능하지는 않습니다."

이 프로젝트를 추진하는 것은 듀크만이 아니다. 아메리칸일렉트릭파워(American Electric Power)는 올해(2009년) 안에 웨스트버지니아에 있는 1,300메가와트급 마운티니어(Mountaineer) 발전소에서 배출하는 850만 톤의 $CO_2$ 중에서 불과 최대 3퍼센트를 조금 넘는 정도를 포집하고, 3킬로미터 이상의 지하에 주입하기 시작할 것이다. 에로라그룹(Erora Group)은 켄터키 주 헨더슨 카운티(Henderson County)에 캐시 크릭(Cash Creek)이라고 하는 CCS 방식 630와트급 IGCC 발전소를 건설할 계획이다. 서미트파워(Summit Power)는 서부 텍사스에 $CO_2$ 배출량의 80퍼센트를 포집할 170메가와트급 IGCC를 건설하겠다고 제안하고 있다. BP와 서던컴퍼니(Southern Company)도 프로젝트를 추진 중이다.

하지만 NRG에너지가 뉴욕 주와 델라웨어에 제안한 두 곳 같은 기존의 발전소들은 도중에 실패했다. JP모건 체이스(JPMorgan Chase)의* 환경 시장 부장이며 NRG에 있을 때 이들 프로젝트 개발을 주관했던 캐롤라인 앤굴리(Caroline Angoorly)는, 이

*세계적인 종합금융지주회사.

들 프로젝트의 기술 비용이 너무 높았고 (배출권 거래제, 탄소세, 또는 그 밖에 $CO_2$ 오염에 효과적으로 가격을 설정하는 제도를 통해서) 프로젝트를 경제적으로 실현 가능하게끔 만드는 연방 정책이 없었기 때문에 폐기되었다고 지적한다.

그렇지만 오클라호마에 있는 테나스카(Tenaska)가 두 곳의 공장을 계획하고 있다. 일리노이 주 테일러빌(Taylorville)에 35억 달러를 들여 건설하는 한 곳은 고유황 지역 석탄을 가스화하여 $CO_2$ 중 최소 50퍼센트를 포집할 것이다. 텍사스 주 스위트워터(Sweetwater)에 계획 중인 35억 달러 규모의 또 다른 발전소에서는 미분탄을 연소시켜 600메가와트의 전기를 생산하면서 아민 혹은 암모니아 스크러버, 또는 배기가스에서 $CO_2$를 분리하는 첨단 멤브레인을 이용해서 575만 톤의 연소 후 배출 가스를 포집할 것이다.

호주와 중국은 이미 시험 발전소에서 그러한 연소 후 포집이 가능하다는 것을 실증했다. 빅토리아(Victoria)에 있으며 호주연방과학원(Commonwealth Scientific and Industrial Research Organisation, CSIRO)이 운영하는 시험 발전소인 로이 양(Loy Yang) 발전소는 연간 1,000톤의 $CO_2$를 포집할 것이다. 호주의 이 과학원은 아민 스크러버를 이용해서 베이징에 있는 열병합발전소에서* $CO_2$를 포집해 판매하기 위해 중국의 화능집단공사(華能集團公司)와 협력하고 있다. 그리고 스타토일은 노르웨이 몽스타드(Mongstad) 정유소에 CCS 연구 시설을 건설하고 있다.

*화력발전소에서 증기 터빈으로 발전기를 구동하고 터빈의 배기는 지역난방에 사용하는 발전소.

테나스카의 환경 문제 부사장 그레그 쿤켈(Greg Kunkel)은 연소 후 포집을 상업적으로 실증할 수 있다면 "기존의 석탄화력발전소를 위한 시장이 매우 클 것이다. 미국 내의 미분탄 발전소에서 최소 20억 톤의 이산화탄소가 배출된다"고 말한다. "이들 공장을 어떻게든 처리하지 않으면 [기후변화의] 더 큰 문제에 대처할 수 없습니다."

그리고 천연자원보호위원회(NRDC)나 환경보호기금(EDF) 같은 환경단체도 탄소 포집 및 저장을 지원하는 방안을 검토하게 되었다. 그들의 추산에 따르면, 2000년대 이래로 가동하고 있는 석탄화력발전소들은 산업화 시대 이후의 다른 모든 석탄 연소를 합친 것보다 $CO_2$를 더 많이 배출할 것이다. 즉 석탄화력발전소는 50년 동안 6,600억 톤을 배출하리라 예상되는 반면, 1751~2000년 동안에는 5,240억 톤을 배출했다. NRDC의 기후센터에 있는 공학자이자 과학자인 조지 페리다스(George Peridas)는 "향후 25년 동안 투자를 하면 기존에 인간이 사용한 모든 석탄보다 34퍼센트 더 많은 이산화탄소를 배출할 것"이라고 말한다. "이는 거대한 유산이기 때문에 그런 일이 일어나도록 놔둘 여유가 없습니다."

물론 모든 환경운동가가 그에 동의하지는 않는다. 시에라클럽(Sierra Club)과 그린피스(Greenpeace)는 모두 CCS에 반대한다. 다만 2050년까지 세계적인 온실가스 배출을 최소한 1990년의 80퍼센트 수준으로 줄여야 한다는 점에 대해서는 모든 환경주의자가 동의하는 것처럼 보이며, 이는 오바마 행정부의 목표이기도 하다.

EDF의 브라운스타인은 "환경주의자들이 석탄을 이야기하는 이유는 석탄을 좋아하기 때문이 아니"라고 덧붙인다. "우리가 원하는 시간 안에 우리가 원하는 정도의 $CO_2$ 감소를 달성하려면 석탄 문제에 대처해야 하기 때문입니다." 그 결과 NRDC, EDF, 클린에어 태스크포스와 그 밖의 단체들은 $CO_2$ 배출을 제한하기 위한 배출권 거래제, 그리고 최초의 CCS 석탄발전소를 건설하기 위한 보조금 모두를 지지한다. 클린에어 태스크포스의 석탄 전환 프로젝트 실장 존 톰슨(John Thompson)은 "석탄 문제에 대처하지 않는다면 기후변화 문제에 패배하게 된다"고 말한다.

그리고 시멘트 생산, 제강, 알루미늄 제련 산업같이 $CO_2$ 배출이 많은 다른 산업에도 CCS를 똑같이 적용할 수 있다. 또한 이 기술을 식물성 물질 연소와 결합해 연료가 연소할 때 공기 중으로 내보내는 $CO_2$보다 공기 중에서 제거되는 $CO_2$가 더 많은 '탄소 음성(carbon negative)' 연료를 만들 수도 있다. 하지만 그러기 위해서는 시간이 걸릴 것이다. 매사추세츠공과대학교의 하워드 헤르조그(Howard Herzog)는 미국 최초의 새로운 CCS 석탄발전소는 2015년 이전에는 완성되지 않을 것이라고 추정한다. 그는 "아마 2020년에는 조금, 아마 10개 가까이 갖게 될 것"이라고 말한다. "2050년까지 $CO_2$ 배출을 80퍼센트 줄이는 것이 목표라면, 그 정도로는 충분하지 않습니다."

하지만 BP의 힐은 "행동을 하지 않고 5년이 지날 때마다 추가로 10억 톤을 줄여야 한다"고 지적한다. "지금 시작하지 않는다면 CCS의 이점을 얻지 못할 테고 필요한 배출 감소를 이루지 못할 겁니다." 그리고 행동을 하는 데는 돈이 들어간다. 국제에너지기구(IEA)는 앞으로 10년간 최소한 200억 달러가 필요하리라고 추산한다. 반면 미국 청정석탄발전연합에서는 2025년까지 CCS를 실용화하는 데 170억 달러가 소요될 것이라고 말한다.

　로렌스리버모어의 프리드먼은 "그렇게 해야 할 것이며 풍력, 태양열, 핵발전 및 에너지 보존 기술을 추가하는 것과 마찬가지"라고 말한다. "기후에 치명적이므로 서둘러야 합니다."

# 8-4 저탄소 식사

크리스틴 소아리스

볶음 하나를 첫걸음으로 하여 지구를 구할 수 있을까? 《비가열 요리 : 지구온난화의 감소(Cool Cuisine : Taking the Bite Out of Global Warming)》라는 책을 처음 보았을 때는 분명히 미심쩍었다. 그렇지만 숲에 마련한 식탁과 농장에서 바로 구한 달걀 한 바구니가 나온 이 책의 멋진 표지 사진은 시선을 끈다. 페이지들을 넘기면서, 대기 중 탄소 순환에서부터 농업에서 벌의 역할 및 성공적인 퇴비화를 위한 단계별 지침에 이르는 모든 것을 설명하는 깔끔하고 다채로운 그래픽과 주석이 가득하다는 점에 꽤 놀랐다. 각 장은 맛깔나는 레시피들로 마무리가 되었고, 방대한 미주에는 참고문헌이 상세히 나열되었다.

이 책은 요리책일까, 기후변화 안내서일까? 아니면 둘 다일까? 흥미로워진 필자는 이 책을 읽기 시작했다.

## 건강한 지구를 위한 식품

샌프란시스코 만 지역에서 일하는 셰프이며 책의 주 저자인 로라 스텍(Laura Stec)은 자신이 '지구온난화 식사법'이라고 부르는 것에 대해 설명하면서 글을 시작한다. 즉 엄청난 양의 화석연료를 소비하고 폐기물을 몇 톤씩 토해내는 산업화 농장에서 대량생산된 식품에 의존하는 방식을 일컫는다. 전문 요리사인 그녀는 결과적으로 '기계 요리(machine cuisine)'가 만들어진다는 사실뿐만 아니라 환경이 질적으로 저하된다는 데도 깜짝 놀랐다고 한다. 그녀는 기계 요리가 신선도와 풍미가 떨어지고 작물을 생산하는 태양 및 토양과의 연결이 거의 없는 식품이라고 말한다. 그녀는 그러한 식품은 '느낌'이 없다고 쓴다. 그리고 그녀는 그에 관해 무언가를 하기로 결심한다.

그 뒤로 미국의 식량 생산 기업들에 관해 배울 수 있는 모든 것을 배우기 시작하는 스텍 자신의 이야기가 이어진다. 그녀는 기계 요리의 기원과 무엇이 좋은 식품을 좋게 만드는지를 이해하기 위해 탐구하는 동안 수십 명의 과학자 및 농민 집단과 맞닥뜨린 일을 생생한 문체로 설명한다. 그 여정에서 스텍은 공동 저자인 유진 코데로(Eugene Cordero)를 만났다. 그는 산호세주립대학교의 기후 연구자로서 2006년에 UN의 세계 오존 평가를 공동 저술했고, 당시에는 IPCC의 차기 보고서를 위한 모델링 프로젝트 작업을 하고 있었다. 코데로는 이 책의 전반적 과학 자문 역할을 했고 대부분의 주석을 썼다.

필자가 이 책의 저자들과 대화를 했을 때, 코데로는 동료 기후학자들이 세계의 식량 생산이 온실가스 배출의 최대 35퍼센트를 차지할 수도 있음을 잘 알고 있었기 때문에 스텍과 협력했다고 설명했다. 하지만 지구온난화에 미치는 식품의 역할이라는 문제를 두고 대중이 그 해법에 관해 논의하는 단계로 진전되지는 않았다. 2008년에서야 IPCC 의장 라젠드라 파차우리가 지구를 위해 육류 소비를 줄여야 한다고 말하기 시작했다. 코데로는 "그는 그렇게 말할 권한이 있는 최초의 유명한 기후학자이다. 이 점은 기후학계에서조차 여전히 새로운 개념이라고 생각한다"라고 설명한다.

물론 이 책이 전하는 메시지의 다른 측면들이 그렇게 새롭지는 않다. 현대 식품 산업의 역기능은 마이클 폴란(Michael Pollan) 등의 저널리스트가 기록해 왔다. 그리고 로컬푸드와 제철 식품의 미덕은 앨리스 워터스(Alice Waters) 같은 셰프 겸 작가들이 많이 다룬 영역이다. 하지만 스텍과 코데로가 자신들의 관점을 식품과 결합한 방법은 완전히 새롭고 매우 효과적이다. 그들은 질소비료 유출같이 엄청나게 큰 규모의 문제와, 우리가 매일 저녁 식탁에 어떤 접시를 올리는지에 관한 개인의 선택들 사이의 인과관계를 도출한다.

예를 들어 '왜 내 흙에 석유가?(Why All the Oil in My Soil?)'라는 제목의 한 챕터에서는 건강한 토양에 어떻게 미생물과 영양이 가득한지를 설명하면서 석유 기반 비료의 파괴적 영향과 부식 및 산림 파괴를 상세히 설명하고, 지렁이와 그늘에서 재배한 커피나 초콜릿의 가치를 홍보한다. 또한 스텍은 콩류가 어떻게 토양의 미생물과 작용해서 질소를 토양에 고착시키고 비료의 필요성을 줄이는지를 설명한다. 그리고 필자가 할라페뇨 럼 빈(jalapeño rum bean)과 다크초콜릿 칠리(dark chocolate chili)가 포함된 레시피 장을 끝까지 읽었을 때는 맛있어 보였을 뿐만 아니라 그 취지가 이해되었다. "이 레시피는 당연히 우리가 먹어야 하는 방법이지"라는 생각이 들었고, 찜기를 사기로 마음먹었다.

## 대중의 수요 증가

다행히도 스텍은 독자들이 콩을 물에 불리거나 허브 정원을 관리하는 데 온종일을 쏟으리라고 기대하지는 않는 것처럼 보인다. 그녀는 사람들에게 식품을 먹기 좋게 만드는 형태로 이용하는 법을 가르쳐주고 싶어 한다. 레시피 말고도 스텍은 채소의 향을 끌어내고, 만능 소스를 만들고, 심지어 치즈 접시를 구성하는 기술과 팁을 알려준다. 이 마지막 토막 이야기에서는 스텍의 다른 직업이 출장 요리사이자 요리 강사라는 점이 살짝 엿보인다.

그녀는 '녹색' 운영을 하는 회사들을 돕는 상담가이기도 하며, 지속 가능한 식품 실무를 채택하기 위한 공동의 노력에 대한 사례 연구가 이 책의 뚜렷한 특징이다. 스텍은 캘리포니아 기반의 의료보건 서비스 기업인 카이저퍼머넌트(Kaiser Permanente) 내부의 병원 급식 문제를 맡은 의사인 프레스턴 마링(Preston Maring)의 이야기도 다룬다. 마링은 병원 영양사들이 한겨울에 포도나 아스파라거스 같은 식품이 포함된 메뉴를 짜서, 멀리는 남아프리카에서 식품을 구해 오는 상황이 초래되고 있음을 지적했다. 마링이 시스템 차원의 연구를 시작한 이후 카이저퍼머넌트는 연간 250톤의 신선한 과일과 채소로 19개 병원에 매일 6,000인분의 환자식을 만들기로 결정했다. 그전까지는 식품의 대부분을 10만 에이커(405제곱킬로미터) 이상 면적의 지속 불가능한 기업형 농장에서 조달했고, 거의 절반을 캘리포니아 외부에서 가져왔다. 카이저퍼머넌트는 제철 메뉴를 더 잘 개발하고 지역에서 더 많은 농산물을 조달하면 회사의 탄소 발자국을 17퍼센트 이상 줄일 수 있고, 경우에 따라 다소의 돈도 절약할 수 있음을 발견했다.

이어 스텍은 약간의 수송 문제를 묘사하면서 카이저퍼머넌트의 이행을 순

조롭게 하는 계획을 세우고, 이러한 종류의 변화가 최소한 어느 정도는 사업적으로 타당해야 한다는 자신의 생각을 실증하고 있다. 그녀는 최근 로우스호텔(Loews Hotel) 체인이 이벤트 서비스를 친환경적으로 하는 방법을 상담해 주었는데, 그 회사의 동기는 시장의 수요라고 필자에게 말했다. 만일 어느 그룹이 친환경 실천을 고집하는 총회를 개최할 계획이라면, 그 사업을 유치하고자 하는 호텔은 환경적으로 지속 가능한 방법의 서비스를 제공하는 편이 더 나을 것이다.

### 주방에서부터 바꾸자

스텍은 대형 기관을 도운 실무 경험이 있기에, 그러한 시장의 힘이 계속 강해지고 녹색 식사의 원칙이 확대된다면 아마도 미국의 식량 생산 형태가 실제로 영원히 바뀔지도 모른다는 그녀의 생각은 분명히 믿을 만하다.

　그러한 측면에서 내 주방에서부터 의미 있는 변화를 시작할 수 있다는 생각이 그다지 터무니없어 보이지 않기 시작했다. 이 책의 볶음 레시피는, 각 재료별 이산화탄소($CO_2$) 배출을 분류한 한 페이지 크기의 표 뒤에 나온다. 그림은 채소 1파운드(454그램)를 포함한 기본 레시피와, 채소 1파운드에 닭고기나 소고기가 추가된 레시피 버전들을 보여준다. 그 결과는 극명하다. 채식 식사는 총 3,013그램의 $CO_2$에 해당하며, 닭고기 버전은 5,520그램, 소고기 버전은 1만 5,692그램에 해당한다. 이 점이 말하는 바가 분명해 보이지 않을 경우에 대비해서, 페이지의 아래쪽에는 채식 식사와 소고기 버전의 $CO_2$ 차이가 보통의 자동차가 35마일(56킬로미터)을 달릴 때 배출되는 양 정도라고 설명되어 있다. 아마도 그 점을 이 책이 처음 지적한 것은 아닐 테지만, 필자가 본 책 중에서는 문자 그대로 이 문제에 대해 무엇을 해야 할지를 알려주는 레시피를 함께 담은 최초의 책이다. 매우 알기 쉬운 형태로 제시된 엄청난 양의 정보에 더해서, 스텍과 코데로는 개인의 선택이 차이를 만들 수 있다는 희망을 전한다. 그리고 아마도 첫걸음으로서 볶음 하나부터 바꾸면 지구온난화 식사를 더 지속 가능하고 건강하며 맛 좋은 식사로 바꾸는 게 가능할 것이다.

# 2030년까지 지속 가능한 에너지를 확보하기 위한 방법

마크 제이콥슨·마크 델루치

2009년 12월, 전 세계의 정상들이 앞으로 수십 년간의 온실가스 배출 감축에 합의하기 위해 코펜하겐에서 만났다. 이 목표를 이행하기 위한 가장 효과적인 과정은 화석연료 사용을 대규모로 줄이고, 청정하고 재생 가능한 에너지원으로 이를 대체하는 것이다. 지도자들이 그러한 전환이 가능하다고 확신할 수 있다면 이 역사적 협약에 전념할 수 있을 것이다. 우리는 그럴 수 있다고 본다.

2008년에 앨 고어(Al Gore) 전 부통령은 미국에서 10년 안에 100퍼센트 탄소 무배출 발전을 하겠다는 도전장을 내밀었다. 우리 두 명의 저자는 그러한 변화의 현실성을 평가하는 동안 훨씬 더 큰 난관을 만났다. 즉 이르면 2030년까지 전 세계 모든 용도 에너지의 100퍼센트를 어떻게 풍력, 수력, 태양열 자원으로 공급할 수 있을지를 파악하는 것이었다. 여기에 우리의 계획을 소개해 본다.

과학자들은 지금 이 순간까지 10년 동안 이 계획을 수립하면서 난관의 여러 부분을 분석하고 있다. 2009년의 스탠퍼드대학교 연구에서는 에너지 시스템들이 지구온난화, 공해, 물 공급, 토지 이용, 야생 생태계 등에 미치는 영향에 따라서 등급을 매겼다. 최선의 방안은 풍력, 태양열, 지열, 조력, 수력 발전이었는데, 이 모두는 바람이나 물 또는 햇빛이 그 바탕이며 이를 WWS(Wind,

Water, Sunlight)라고 부른다. 핵발전, 탄소 포집 과정을 거치는 석탄 발전, 에탄올은 모두 더 좋지 못한 방안들이고, 석유와 천연가스도 그러하다. 이 연구에서는 WWS를 통해 충전되는 배터리 전기차와 수소연료전지차를 실용화하면 운송 부문에서 생기는 공해가 대부분 사라질 것이라는 결론을 얻기도 했다.

우리의 계획에서는 수백만 개의 풍력 터빈, 수력발전기, 태양열 시설이 필요하다. 많은 수가 필요하지만, 해결이 불가능할 정도로 장애가 되는 규모는 아니다. 사회는 이미 이전에 거대한 변화를 겪은 적이 있다. 2차 세계대전 중 미국은 자동차 공장들을 개조해서 30만 대의 항공기를 생산했고, 다른 나라들에서도 48만 6,000대를 생산했다. 1956년에는 미국이 주간고속도로(Interstate Highway System)를 건설하기 시작했는데, 그 35년 후에는 길이가 7만 5,000여 킬로미터에 달했고 상업과 사회를 변화시키고 있다.

세계의 에너지 시스템을 변환하는 것이 현실성이 있을까? 그리고 20년 안에 이를 달성할 수 있을까? 그 답은 선택하는 기술, 필수 원자재의 가용성, 경제 및 정치적 요소들에 달려 있다.

## 청정 기술 독점 사용

재생 가능 에너지는 매력적인 자원들로부터 나온다. 즉 파도를 일으키기도 하는 바람, 수력 에너지와 조수와 (뜨거운 지하 암반에 의해 가열된 물을 이용하는) 지열 에너지를 포함하는 물, 그리고 광전 변환 공학 및 햇빛을 모아서 액체를 가열하고 그 열로 터빈을 돌려서 전기를 생산하는 태양열발전소를 포함하는 태양이 그것이다. 우리의 계획에서는 지금부터 20~30년 뒤에 개발될지 모르는 기술이 아니라 현재 대규모로 적용되고 있거나 적용이 임박한 기술만을 포함시킨다.

시스템이 청정하도록 보장하기 위해서 우리는 건설, 운영, 해체를 포함한 기술의 전체 수명 주기에서 온실가스 배출과 공해가 거의 0인 기술만을 고려한다. 예를 들면 생태학적으로 가장 나은 에탄올 연료라도 차량에서 연소하면 공해가 생기고 휘발유를 연소할 때와 같은 수준의 위험성을 유발할 것이다. 핵발전은 풍력발전에 비해 탄소를 최대 25배 많이 배출하는데, 원자로 건설과 우라늄 정제, 수송을 고려할 경우 그렇다. 탄소 포집 및 격리 기술은 석탄 화력발전소에서 이산화탄소 배출을 줄일 수 있지만, 포집 및 저장 단계에 전력을 공급하기 위해 더 많은 석탄을 태워야 하기 때문에 공해를 늘리고 탄광업과 수송 및 가공에서 발생하는 다른 모든 유해한 효과가 더 확대될 것이다. 또한 마찬가지로 우리는 폐기물 처리나 테러리즘의 위험이 크지 않은 기술만을 고려한다.

우리의 계획에서는 WWS가 난방 및 수송을 위한 전력을 공급할 것이다. 세계가 기후변화를 늦춘다는 희망을 가지려면 산업계를 개조해야 한다. 우리는 화석연료를 이용하는 (오븐과 난로뿐 아니라) 난방을 대부분 전기로 대체할 수 있고, 화석연료를 이용하는 수송은 대부분 배터리 및 연료전지 차량으로 대체할 수 있다고 가정했다. WWS 전기를 이용하여 물을 전기분해해서 생산하는 수소는 연료전지의 동력이 되고, 비행기와 산업계에서 쓰일 것이다.

## 충분한 공급

미국 에너지정보국에 따르면, 오늘날 세계의 최대 동시 전력 소비는 약 12조 5,000억 와트(12.5테라와트)이다. 이 기관은 세계 인구가 증가하고 삶의 질이 향상되면서 2030년에는 전 세계에 16.9테라와트가 필요하고 미국에서는 2.8테라와트가량이 필요할 것이라고 예측하는데, 에너지원의 비율이 현재와 비슷하고 화석연료에 크게 의존한다는 가정을 바탕으로 한 것이다. 하지만 만약 지구 전체가 WWS 전력만을 이용하고 화석연료나 유기물질 연소를 하지 않는다면 흥미로울 정도로 절약이 이루어질 것이다. 세계의 전력 수요는 불과 11.5테라와트가 되고, 미국의 수요는 1.8테라와트가 될 것이다. 이러한 수요 감소는 대부분의 경우 전기화가 에너지를 더 효율적으로 사용하는 방법이기 때문이다. 예를 들어 휘발유는 에너지의 17~20퍼센트만이 차를 움직이는 데 쓰이고 나머지는 열로 낭비된다. 반면 전기차는 전력의 75~86퍼센트가 차를 움직이는 데 쓰인다.

수요가 16.9테라와트로 늘더라도 WWS 자원은 더 많은 전력을 제공할 수 있을 것이다. 우리와 다른 과학자들이 수행한 상세한 연구에 따르면, 세계에서 풍력이 가진 에너지는 약 1,700테라와트이다. 태양열만도 6,500테라와트에 해당한다. 물론 넓은 바다와 높은 산, 보호 지역의 바람과 태양은 사용할 수 없을 것이다. 이들 지역과 바람이 약해서 활용할 수 없는 지역을 뺀다 하더라도 여전히 바람은 40~85테라와트, 태양열은 580테라와트가 남고 이들 각각은 미래 인류의 수요를 한참 넘는다. 하지만 지금 우리는 풍력으로 0.02테라와트, 태양열로는 0.008테라와트만을 생산한다. 이 자원은 엄청난 양의 미개발 자원이라는 잠재력이 있다.

다른 WWS 기술들이 더 다양한 방안을 강구하는 데 도움이 될 것이다. 현실적으로 모든 자원을 크게 확대할 수 있지만, 파도의 에너지를 이용하는 파력(wave power)은 해안 인근에서만 얻을 수 있다. 많은 지열 자원도 경제적으로 이용하기에는 너무 깊은 땅속에 있다. 그리고 현재 수력발전이 다른 모든 WWS 자원을 능가하기는 하지만, 활용하기에 적당한 큰 저장소들은 이미 사용 중이다.

## 계획 : 발전 수요

분명히 충분한 재생에너지가 존재한다. 그렇다면 어떻게 새 기반 시설로 전환해서 11.5테라와트를 전 세계에 제공할 수 있을까? 바람과 태양을 중심으로 여러 가지 기술을 복합적으로 선정했으며, 수요의 9퍼센트는 이미 완성된 수자원 관련 방법으로 충족한다. (또한 풍력과 태양열의 다른 조합도 성공적일 수 있다.)

풍력이 수요의 51퍼센트를 담당하는데, 전 세계에서 (각기 5메가와트급의) 대형 풍력 터빈 380만 개로 이를 공급한다. 그 수가 엄청나 보이기는 하지만, 전 세계에서는 해마다 7,300만 대의 승용차와 소형 트럭을 제작한다는 점을 지적해야 할 것 같다. 또 다른 약 40퍼센트의 전력은 광발전소와 집광형 태양열발전소로 생산하고, 광발전의 30퍼센트는 가정과 상업용 건물의 지붕에 설

치한 태양열 패널에서 얻는다. 평균 300메가와트급인 광발전 및 집광형 태양
열발전소 약 8만 9,000개가 필요할 것이다. 우리가 계획한 전력 구성에는 전
세계의 수력발전소 900개가 포함되며, 그중 70퍼센트는 이미 건설되어 있다.

풍력발전은 우리 계획의 0.8퍼센트만이 현재 설치되어 있다. 전 세계에
380만 개의 터빈을 설치하는 면적은 (맨해튼보다 작은) 50제곱킬로미터 미만
이다. 터빈 사이에 떼어야 하는 간격을 감안하면 지구 육지의 약 1퍼센트를
차지하게 되지만, 터빈 사이의 공간은 농장이나 목장 또는 공터나 바다가 될
수 있다. 지붕 이외에 설치하는 광발전기와 집광형 태양열발전소는 지구 육지
의 약 0.33퍼센트를 차지할 것이다. 그 정도로 대규모의 기반 시설을 건설하
려면 시간이 걸릴 것이다. 하지만 현재의 발전소망도 그랬다. 그리고 우리가
화석연료에 계속 집착한다면, 수요가 16.9테라와트로 상승하는 2030년에는
대규모의 신규 석탄발전소 1만 3,000개가 요구되면서 이들 발전소가 훨씬 더
많은 토지를 차지할 뿐만 아니라 원료 공급을 위한 탄광 부지도 필요해진다
는 점을 기억하자.

## 건설 자재의 문제

WWS 기반 시설의 규모가 상당하다는 것은 걸림돌이 아니다. 하지만 이를 건
설하는 데 필요한 몇 가지 자재들은 구하기 힘들거나 가격 조작이 이루어질
수도 있다.

풍력 터빈 수백만 개를 건설하기 위한 콘크리트와 강철은 공급이 충분하

며, 두 가지 물자 모두 완전히 재활용이 가능하다. 가장 문제가 되는 원자재는 터빈 기어박스에 쓰이는 네오디뮴(neodymium) 같은 희토류 금속이 될 수 있다. 이들 금속은 공급이 부족하지는 않지만 저가 원료가 중국에 집중되어 있기 때문에, 미국 같은 나라들은 중동의 석유에 의존하던 입장에서 극동의 금속에 의존하는 입장으로 바뀔 수도 있다. 하지만 제작사들은 기어가 없는 터빈 개발을 추진하고 있으므로 이 제약이 사라질지도 모른다.

광전지는 비결정질(amorphous) 또는 결정질(crystalline) 실리콘, 텔루르화카드뮴(cadmium telluride) 또는 구리인듐셀레늄화물(copper indium selenide) 및 구리인듐황화물(copper indium sulfide)에 의존한다. 텔루륨과 인듐의 공급이 제한적이기 때문에 전부는 아니더라도 몇 종류의 박막 태양전지의 활용 가능성이 줄어들 수도 있고, 다른 종류의 태양전지가 그 빈자리를 대신할 수 있을 것이다. 대량 생산은 전지를 만드는 데 은이 필요하기 때문에 제한될 수 있겠지만, 은 함량을 줄이는 방법을 찾으면 문제를 해결할 수 있다. 낡은 전지에서 재활용 부품을 수거해서 원자재 수급의 어려움을 개선할 수도 있다.

전기 모터용 희토류 금속, 리튬이온 배터리를 만들기 위한 리튬, 연료전지를 만들기 위한 백금, 이렇게 세 가지 자원이 전기차를 수백만 대 제작하는 데 걸림돌이 될 수 있다. 전 세계 리튬 매장량의 절반 이상이 볼리비아와 칠레에 모여 있다. 매장 지역이 그렇게 몰려 있고 수요가 빠르게 증가하기 때문에 가격이 크게 상승할 수도 있다. 메리디언국제연구소(Meridian International Research)의 주장에 따르면, 더 큰 문제는 전 세계의 전기차 경제에 필요한 만 큰 배터리를 제작하기에는 경제성 있게 채굴할 수 있는 리튬 매장량이 충분치 않다는 것이다. 재활용은 상황을 바꿀 수 있겠지만 재활용의 경제성은 부분적으로는 배터리를 만들 때 쉬운 재활용을 염두에 두었는지에 따라 달라지며, 이는 업계가 인지하고 있는 문제이다. 또한 장기적으로 백금의 사용은 재활용에 의존한다. 현재 가용한 매장량으로는 기존 산업계의 수요와 더불어 연간 2,000만 대의 연료전지차량 생산을 100년 동안 유지할 수 있을 것이다.

## 신뢰성의 현명한 조합

새로운 기반 시설은 최소한 기존의 기반 시설만큼 신뢰성 있게 수요에 따른 에너지를 제공해야 한다. WWS 기술은 대체로 전통적인 에너지원에 비해 휴지기가 더 적다. 미국의 석탄발전소는 평균적으로 연중 12.5퍼센트의 기간 동안 정기 또는 비정기 정비를 위해 가동을 중단한다. 현대식 풍력 터빈의 휴지기는 지상에서 2퍼센트 미만, 바다에서는 5퍼센트 미만이다. 광발전 시스템의 휴지기도 2퍼센트 미만이다. 또한 풍력, 태양열, 파력 발전기의 개별적 장치가 멈추더라도 전력 생산의 일부분만 영향을 받는다. 반면 석탄, 핵, 천연가스 발전소가 가동을 중단하면 전력 생산 손실이 크다.

WWS를 사용할 때의 주된 난관은 어느 한 지역에 바람이 항상 불지는 않고 햇빛도 항상 비추지는 않는다는 점이다. 꾸준한 지열 또는 조력 발전에서 기본 공급량을 생산하고, 풍력은 바람이 부는 경우가 많은 야간에 이용하고 태양열은 주간에 이용하며, 공급을 고르게 하거나 최고 수요를 충족하기 위해 가동을 신속히 시작하고 멈출 수 있는 수력 같은 신뢰성 있는 에너지원에 의지하는 것같이 현명하게 에너지원들 사이의 균형을 잡음으로써 간헐적으로 발생하는 문제들을 완화할 수 있다. 예를 들면 150~300킬로미터 정도로 가까이 있는 풍력발전 지역들을 서로 연결하면 어느 풍력발전 지역에 바람이 불지 않아서 몇 시간 동안 발전을 못 하더라도 이를 보완할 수 있다. 그리고 지리적으로 분산된 자원들을 연결해서 서로 보완하도록 하고, 가정에 스마트 전력계를 설치해서 전기 수요가 낮을 때 전기차를 자동으로 충전하고 전기를 나중에 사용하기 위한 저장소를 건설하는 것도 도움이 된다.

햇빛이 비추지 않고 날씨가 험할 때는 바람이 자주 불고 햇빛은 바람이 적고 맑은 날 자주 비추기 때문에, 풍력과 태양열을 조합하면 수요를 오랫동안 충족할 수 있다. 특히 지열이 꾸준한 기본 전력을 제공하고 수력으로 공백을 메꿀 수 있다면 더욱 그렇다.

## 석탄만큼 저렴하게

우리의 계획에서 WWS 자원을 복합적으로 사용하면 주택용, 상업용, 산업용, 운송 부문에 신뢰성 있게 에너지를 공급할 수 있다. 그다음의 논리적 질문은 '전력이 저렴할 것인가'이다. 우리는 각 기술의 경우에 생산자가 전력을 생산해서 이를 송전망으로 보내는 데 비용이 얼마나 들지 계산했다. 여기에는 자본, 토지, 운영, 정비, 간헐적인 공급 중단에 대응하기 위한 에너지 저장, 수송 비용을 분석해서 포함시켰다. 현재의 풍력, 지열, 수력 발전 비용은 모두 킬로와트시당 7센트 미만이며, 파력과 태양열은 그보다 비싸다. 하지만 2020년과 그 이후까지 풍력, 파력, 수력은 킬로와트시당 4센트 미만이 되리라 예상된다.

비교를 하자면, 2007년 미국에서 재래식 발전 및 송전에 드는 비용은 킬로와트시당 약 7센트였고, 2020년에는 8센트가 되리라 예상된다. 반면 풍력 터빈을 예로 들면 그 비용이 이미 새 석탄 및 천연가스 화력발전소와 비슷하거나 더 낮아졌으며, 미래에는 모든 발전 방식 중에서 가장 저렴해지리라 예상된다. 풍력은 이처럼 가격 경쟁력이 있기 때문에 지난 3년간 건설된 미국의 새 발전소들 가운데 천연가스 다음, 석탄보다는 앞서서 두 번째로 많이 쓰인 자원이 되었다.

태양열은 지금은 상대적으로 비싸지만, 이르면 2020년에는 경쟁력이 생길 것이다. 브룩헤이븐국립연구소(Brookhaven National Laboratory)의 바실리스 프테나키스(Vasilis Fthenakis)가 주의 깊게 분석한 바에 따르면, 10년 안에 광발전 시스템의 비용이 장거리 수송 및 야간 발전을 위한 압축공기 저장 비용을 포함해서 킬로와트시당 약 10센트로 내려갈 것이라고 한다. 또한 봄, 여름, 가을에 24시간 전기를 생산하기에 충분한 용량의 열저장소를 가진 집광형 태양열발전소에서는 킬로와트시당 10센트 이하로 전기를 공급할 수 있을 것이라고 추산한다.

WWS 부문 에너지의 수송은 배터리나 연료전지를 통해 이루어질 것이므로, 이들 전기차의 경제성을 내연기관 차량의 경제성과 비교해보아야 한다. 필자들 중 한 명(델루치)과 캘리포니아대학교 버클리캠퍼스의 팀 립맨(Tim

Lipman)이 상세하게 분석한 바에 따르면, 첨단 리튬이온 배터리 또는 니켈 수소 배터리를 장착하고 대량생산된 전기차에서 (배터리 교체 비용을 포함한) 마일당 전체 수명 주기 비용은 휘발유가 갤런당 2달러 이상으로 판매될 경우의 휘발유 차 비용과 비교될 수 있다는 결과가 나왔다.

화석연료를 생산하는 외부 비용(즉 인간의 건강, 환경, 기후에 미치는 가치)을 금전적으로 환산한다면 WWS 기술은 비용 경쟁력이 더 생긴다.

WWS 시스템의 전체 건설 비용은 수송 비용를 제외하고 전 세계에서 20년간 대략 100조 달러가 될 수도 있다. 하지만 정부나 소비자가 이 비용을 부담하지는 않는다. 이 돈은 전기와 에너지 판매를 통해서 회수되는 투자금이다. 그리고 다시 말하지만, 전통적인 에너지원에 의존하면서 생산량을 12.5테라와트에서 16.9테라와트로 늘리려고 한다면 발전소가 수천 개 더 필요하고 비용은 약 10조 달러가 된다. 수십조 달러의 건강, 환경, 보안 비용은 제외한 금액이다. WWS 계획은 세계에 낡고, 더럽고, 비효율적인 에너지 시스템 대신 새롭고, 깨끗하고, 효율적인 에너지 시스템을 제공할 것이다.

## 정치적 의지

우리의 분석은 WWS의 비용이 전통적인 에너지원에 대해 경쟁력 있을 것임을 강력히 시사한다. 하지만 과도기적으로는 화석연료 발전보다 훨씬 더 비쌀 수 있으므로, 당분간은 WWS 보조금과 탄소세를 적절히 조합해서 시행해야 한다. 생산 비용과 전기 도매가의 차액을 보상해주는 발전차액지원제도

(Feed-In Tariff, FIT) 프로그램이 신기술의 규모를 확대하는 데 특히 효과적이다. FIT와 (최저가 입찰자에게 전력망에서 전력을 판매할 권리를 주는) 최저가 입찰제도를 결합하면, WWS 개발자들로 하여금 가격을 낮추게 하는 지속적인 장려책이 된다. 그리고 일이 진전되면 FIT는 점차 없앨 수 있다. FIT는 여러 유럽 국가와 미국의 몇몇 주에서 도입했으며, 독일에서 태양열을 장려할 때는 꽤 성공적이었다.

　화석연료가 환경에 미치는 영향을 반영해서 화석연료 또는 그를 이용하는 데 세금을 부과하는 것도 타당하다. 하지만 공정한 경쟁의 장을 만들려면 최소한 화석연료 탐사 및 추출에 대한 세제 혜택 같은 기존의 보조금을 없애야 한다. 바이오연료 농장과 생산에 대해 지급하는 보조금처럼 WWS 전력보다 바람직하지 않은 대안을 잘못 장려하는 일도 더 청정한 시스템의 개발을 늦추기 때문에 중단해야 한다. 정책을 만드는 입법가들은 견고한 에너지 업계의 로비를 물리칠 방법을 찾아야 한다.

　마지막으로 각국은 통상 도시인 소비 중심지로부터 가장 멀리 떨어져 있는 경우가 많은 오지, 즉 미국에서는 풍력을 생산하는 대초원 지역과 태양열을 생산하는 남서부 사막 같은 발전 지역에서부터 대량의 WWS 전력을 확실하고도 장거리로 전달할 수 있는 송전 시스템에 투자할 의지가 있어야 한다. 전력의 최고 사용기에 소비 수요를 줄이려면 발전소와 소비자에게 시간 단위의 전력 사용 제어권을 더 많이 주는 스마트 그리드(smart grid)도* 필요하다.

*전력망에 정보 기술을 적용해서 공급자와 소비자가 실시간 정보를 교환함으로써 에너지 효율을 최적화하는 방법.

대규모의 풍력, 수력, 태양열 시스템은 세계의 수요에 대해 신뢰성 있게 공급할 수 있고 기후, 대기질, 생태, 에너지 안보에 큰 이점이 될 수 있다. 우리가 제시한 바와 같이, 걸림돌은 기술적이 아니라 주로 정치적이다. 비용을 줄이기 위해 공급자에 대한 발전차액지원제도와 인센티브를 조합하고, 화석연료에 대한 보조금을 중단하고, 전력망을 지능적으로 확대하면 빠른 발전이 충분히 보장될 수 있다. 물론 실제의 발전 및 송전 업계가 변화하려면 기존의 기반 시설에 대한 매몰 비용을 극복해야 한다. 하지만 합리적 정책을 펼친다면 10~15년 안에 WWS 에너지원을 이용한 새로운 에너지로 전체 발전량의 25퍼센트를 공급하고 20~30년 안에는 새로운 전력 공급이 100퍼센트가 되도록 한다는 목표를 설정할 수 있을 것이다. 극단적으로 공격적인 정책을 펼친다면 그와 같은 기간에 기존의 화석연료를 이용한 발전 능력을 도태시키고 대체할 수 있겠지만, 좀 더 온건한 정책으로는 에너지원을 완전히 대체하는 데 40~50년이 걸릴 것이다. 어떤 경우든 투명한 리더십이 필요하다. 그렇지 않으면 과학자들이 연구한 기술이 아니라 업계가 홍보한 기술을 유지하려고 노력하게 될 것이다.

10년 전에는 세계적인 WWS 시스템이 기술적으로나 경제적으로 실현 가능할 것인지 분명하지 않았다. 이제까지 그것이 가능하다는 점을 제시했으며, 우리는 세계의 지도자들이 WWS 전력을 정치적으로도 실현 가능하게끔 만들 방법을 찾기를 희망한다. 그들은 의미 있는 기후 및 재생에너지 목표를 지금 정하는 것에서부터 그 일을 시작할 수 있다.

# 출처

1 Science of a Superstorm : Hurricane Sandy

1-1 Fred Guterl, "The Future According to Sandy", Scientific American online, October 31, 2012

1-2 Mark Fischetti, "Did Climate Change Cause Hurricane Sandy?", Scientific American online October 30, 2012.

1-3 David Biello, "The Science of Superstorm Sandy's Crippling Storm Surge", Scientific American online, November 2, 2012.

2 More Extreme Weather

2-1 Mark Fischetti, "Northern Hemisphere Could Be in for Extreme Winters", Scientific American online, June 11, 2012.

2-2 John Carey, "Extreme Weather Is a Product of Climate Change", Scientific American online, June 28, 2011.

2-3 John Carey, "Global Warming and the Science of Extreme Weather", Scientific American online, June 29, 2011.

2-4 John Carey, "Predicting and Coping with the Effects of Climate Change", Scientific American online, June 30, 2011.

3 Glaciers

3-1 David Biello, "Greenland's Glaciers Are Going, Going…", Scientific American online, October 19, 2006.

3-2 Davide Castelvecchi, "Is Soot the Culprit Behind Melting Himalayan Glaciers?", Scientific American online, December 15, 2009.

3-3 Douglas Fox, "Witness to an Antarctic Meltdown", *Scientific American* 307, 54-61. (July 2012)

3-4 David Biello, "Deny This : Himalayan Glaciers Really Are Melting", Scientific American online, July 27, 2012.


4 Oceans

4-1 Marah J. Hardt and Carl Safina, "Threatening Ocean Life from the Inside Out", *Scientific American* 303, 66-73. (August 2010)

4-2 John R. Platt, "Coral Reefs at Risk", Scientific American online, August 24, 2010.


5 Greenhouse Gases and Global Warming

5-1 James Hansen, "Diffusing the Global Warming Time Bomb", *Scientific American* 290, 68-77. (March 2004)

5-2 Michael D. Lemonick, "Beyond the Tipping Point", *Scientific American* 18, 60-67. (September 2008)

5-3 David G. Victor and Danny Cullenward, "Making Carbon Markets Work", *Scientific American* 297, 70-77. (December 2007)

8-5 Mark Z. Jacobson and Mark A. Delucchi, "A Path to Sustainable Energy by 2030", *Scientific American* 301, 58-65. (August 2010)

# 저자 소개

더글러스 폭스 Douglas Fox, 과학·환경 전문 기자

대니 컬렌워드 Danny Cullenward, 에너지 경제학자

데이비드 비엘로 David Biello, 《사이언티픽 아메리칸》 기자

데이비드 빅터 David G. Victor, UC 샌디에이고 교수

데이비드 카스텔베치 Davide Castelvecchi, 《네이처》 기자

마라 하르트 Marah J. Hardt, 해양환경 연구자

마이클 르모닉 Michael D. Lemonick, 《사이언티픽 아메리칸》 기자

마크 델루치 Mark A. Delucchi, UC 버클리 TSRC 연구원

마크 제이콥슨 Mark Z. Jacobson, 스탠퍼드대학교 교수

마크 피셰티 Mark Fischetti, 《사이언티픽 아메리칸》 기자

제임스 핸슨 James Hansen, 컬럼비아대학교 교수

제프리 삭스 Jeffrey D. Sachs, 컬럼비아대학교 교수

존 레니 John Rennie, 《사이언티픽 아메리칸》 기자

존 캐리 John Carey, 환경 전문 저술가

존 플랫 John R. Platt, 시카고대학교 교수

카를 사피나 Carl Safina, 해양과학 저술가

크리스틴 소아리스 Christine Soares, 《사이언티픽 아메리칸》 기자

프레드 구테를 Fred Guterl, 《사이언티픽 아메리칸》 기자

**옮긴이**_김진용

단국대학교 식품공학과를 졸업하고 〈월간 항공〉 번역 기자로 재직 중이다. 게임 잡지, 군사 및 항공 관련 번역 프로젝트에 다수 참여했다. 옮긴 책으로는 《롬멜 평전》(근간)이 있다.

한림SA **18**

기후변화와 기상이변

# 폭풍우의 경고

2017년 10월 15일 1판 1쇄

엮은이　　사이언티픽 아메리칸 편집부
옮긴이　　김진용
펴낸이　　임상백
기획　　　류형식
편집　　　김좌근
독자감동　이호철, 김보경, 김수진, 한솔미
경영지원　남재연

ISBN 978-89-7094-883-6 (03530)
ISBN 978-89-7094-894-2 (세트)

* 값은 뒤표지에 있습니다.
* 잘못 만든 책은 구입하신 곳에서 바꾸어 드립니다.
* 이 책에 실린 모든 내용의 저작권은 저작자에게 있으며,
　서면을 통한 출판권자의 허락 없이 내용의 전부 혹은 일부를 사용할 수 없습니다.

펴낸곳　　한림출판사
주소　　　(03190) 서울시 종로구 종로12길 15
등록　　　1963년 1월 18일 제 300-1963-1호
전화　　　02-735-7551~4
전송　　　02-730-5149
전자우편　info@hollym.co.kr
홈페이지　www.hollym.co.kr
페이스북　www.facebook.com/hollymbook

표지 제목은 아모레퍼시픽의 아리따글꼴을 사용하여 디자인되었습니다.